"十三五"国家重点出版物出版规划项目
卓越工程能力培养与工程教育专业认证系列规划教材
（电气工程及其自动化、自动化专业）

电气工程 CAD 实用教程

主　编　韩忠华　　王凤英　　阚凤龙

U0220323

机 械 工 业 出 版 社

本书为满足高等学校工科课程改革的需要而编写，力求既能满足高等学校工科类专业教学的需要，又可供相关工程领域技术人员参考使用。

本书结合工程实例，以实用为出发点，系统、全面地介绍了AutoCAD 2010在建筑电气设计中的使用方法和技巧，具有较强的实用性和可操作性。本书共7章，主要内容包括AutoCAD 2010的基础知识、基本绘图环境的设置、绘制二维图形、图形对象的修改、文本与表格、块与属性、尺寸标注、建筑电气强电系统的绘制、建筑电气弱电系统的绘制、图形的布局与打印。本书内容翔实、图文并茂、语言简洁、实例丰富，每章都有学习目标和小结，便于读者掌握要点。

本书适合作为AutoCAD建筑电气设计初学者的入门教材，也适合作为应用型高校电气类、自动化类及机电类专业本科教材或相关培训机构的AutoCAD电气设计教材，也可作为工程技术人员的培训教材。

图书在版编目（CIP）数据

电气工程CAD实用教程/韩忠华，王凤英，阚凤龙主编. —北京：机械工业出版社，2018.8（2025.1重印）

"十三五"国家重点出版物出版规划项目 卓越工程能力培养与工程教育专业认证系列规划教材. 电气工程及其自动化、自动化专业

ISBN 978-7-111-60521-8

Ⅰ.①电… Ⅱ.①韩… ②王… ③阚… Ⅲ.①电工技术-计算机辅助设计-AutoCAD软件-高等学校-教材 Ⅳ.①TM02-39

中国版本图书馆CIP数据核字（2018）第161510号

机械工业出版社（北京市百万庄大街22号 邮政编码100037）
策划编辑：路乙达 责任编辑：路乙达 王雅新
责任校对：刘志文 张 薇 封面设计：鞠 杨
责任印制：张 博
北京建宏印刷有限公司印刷
2025年1月第1版第6次印刷
184mm×260mm · 13.75印张 · 337千字
标准书号：ISBN 978-7-111-60521-8
定价：33.00元

"十三五" 国家重点出版物出版规划项目

卓越工程能力培养与工程教育专业认证系列规划教材
（电气工程及其自动化、自动化专业）
编审委员会

序

工程教育在我国高等教育中占有重要地位，高素质工程科技人才是支撑产业转型升级、实施国家重大发展战略的重要保障。当前，世界范围内新一轮科技革命和产业变革加速进行，以新技术、新业态、新产业、新模式为特点的新经济蓬勃发展，迫切需要培养、造就一大批多样化、创新型卓越工程科技人才。目前，我国高等工程教育规模世界第一。我国工科本科在校生约占我国本科在校生总数的1/3，近年来我国每年工科本科毕业生约占世界总数的1/3以上。如何保证和提高高等工程教育质量，如何适应国家战略需求和企业需要，一直受到教育界、工程界和社会各方面的关注。多年以来，我国一直致力于提高高等教育的质量，组织并实施了多项重大工程，包括卓越工程师教育培养计划（以下简称卓越计划）、工程教育专业认证和新工科建设等。

卓越计划的主要任务是探索建立高校与行业企业联合培养人才的新机制，创新工程教育人才培养模式，建设高水平工程教育教师队伍，扩大工程教育的对外开放。计划实施以来，各相关部门建立了协同育人机制。卓越计划要求试点专业要大力改革课程体系和教学形式，依据卓越计划培养标准，遵循工程的集成与创新特征，以强化工程实践能力、工程设计能力与工程创新能力为核心，重构课程体系和教学内容；加强跨专业、跨学科的复合型人才培养；着力推动基于问题的学习、基于项目的学习、基于案例的学习等多种研究性学习方法，加强学生创新能力训练，"真刀真枪"做毕业设计。卓越计划实施以来，培养了一批获得行业认可、具备很好的国际视野和创新能力、适应经济社会发展需要的各类型高质量人才，教育培养模式改革创新取得突破，教师队伍建设初见成效，为卓越计划的后续实施和最终目标的达成奠定了坚实基础。各高校以卓越计划为突破口，逐渐形成各具特色的人才培养模式。

2016年6月2日，我国正式成为工程教育"华盛顿协议"第18个成员，标志着我国工程教育真正融入世界工程教育，人才培养质量开始与其他成员达到了实质等效，同时，也为以后我国参加国际工程师认证奠定了基础，为我国工程师走向世界创造了条件。专业认证把以学生为中心、以产出为导向和持续改进作为三大基本理念，与传统的内容驱动、重视投入的教育形成了鲜明对比，是一种教育范式的革新。通过专业认证，把先进的教育理念引入了我国工程教育，有力地推动了我国工程教育专业教学改革，逐步引导我国高等工程教育实现从课程导向向产出导向转变、从以教师为中心向以学生为中心转变、从质量监控向持续改进转变。

在实施卓越计划和开展工程教育专业认证的过程中，许多高校的电气工程及其自动化、自动化专业结合自身的办学特色，引入先进的教育理念，在专业建设、人才培养模式、教学内容、教学方法、课程建设等方面积极开展教学改革，取得了较好的效果，建设了一大批优质课程。为了将这些优秀的教学改革经验和教学内容推广给广大高校，中国工程教育专业认证协会电子信息与电气工程类专业认证分委员会、教育部高等学校电气类专业教学指导委员会、教育部高等学校自动化类专业教学指导委员会、中国机械工业教育协会自动化学科教学委员会、中国机械工业教育协会电气工程及其自动化学科教学委员会联合组织规划了"卓越工程能力培养与工程教育专业认证系列规划教材（电气工程及其自动化、自动化专业）"。本套教材通过国家新闻出版广电总局的评审，入选了"十三五"国家重点图书。本套教材密切联系行业和市场需求，以学生工程能力培养为主线，以教育培养优秀工程师为目标，突出学生工程理念、工程思维和工程能力的培养。本套教材在广泛吸纳相关学校在"卓越工程师教育培养计划"实施和工程教育专业认证过程中的经验和成果的基础上，针对目前同类教材存在的内容滞后、与工程脱节等问题，紧密结合工程应用和行业企业需求，突出实际工程案例，强化学生工程能力的教育培养，积极进行教材内容、结构、体系和展现形式的改革。

经过全体教材编审委员会委员和编者的努力，本套教材陆续跟读者见面了。由于时间紧迫，各校相关专业教学改革推进的程度不同，本套教材还存在许多问题。希望各位老师对本套教材多提宝贵意见，以使教材内容不断完善提高。也希望通过本套教材在高校的推广使用，促进我国高等工程教育教学质量的提高，为实现高等教育的内涵式发展贡献一份力量。

卓越工程能力培养与工程教育专业认证系列规划教材
（电气工程及其自动化、自动化专业）
编审委员会

前　言

高等学校工程教育专业认证提出，课程改革要围绕学生能力培养这一核心任务。为了扩大工科学生的专业知识面，在分析了现有建筑电气 CAD 教材，并总结了近十年来建筑电气 CAD 教学工作的基础上编写了此书。本书系统性强、结构合理、通俗易懂，反映了建筑电气 CAD 设计的最新发展动态。

本书力求既能满足高等学校工科类专业教学的需要，又可供相关工程领域技术人员参考使用。本书紧密结合建筑电气专业的特点与要求，以建筑电气设计为背景，注重理论与实践相结合，包括供配电系统图、照明系统图、建筑防雷与接地电气工程图、弱电系统图、建筑平面图，并列举了一些典型工程案例，有助于提高读者的专业知识应用及设计能力。读者通过本书的学习，既能理解有关 AutoCAD 使用的基本概念，掌握用 AutoCAD 进行建筑电气图形绘制的方法与技巧，又能融会贯通，举一反三，在实际建筑电气设计及施工管理工作中快速应用。

本书由沈阳建筑大学刘剑教授担任主审，由沈阳建筑大学信息与控制工程学院装配式建筑研究所韩忠华、王凤英、阚凤龙担任主编，由韩忠华统稿。第 1 章、第 5 章、第 6 章由王凤英、阚凤龙、韩超编写，第 2 章由英宇编写，第 3 章由杜利明、许景科、谢蓍择编写，第 4 章由林硕、夏兴华、高治军、王延臣编写，第 7 章由张锐、陈楠编写，赵浩轩、宫巍、王佳英、阚迪、王慧丽、董晓婷、郭莉莉、王迪、郭彤颖也参与了资料收集和相关工作，在此一并表示感谢。

由于作者水平有限，错误之处在所难免，希望读者们能提出宝贵意见，以便及时修改。谨向本书参考的有关文献作者及支持者们表示衷心感谢！

编　者
2018 年 2 月

目　录

第1章

电气工程绘图快速入门

【学习目标】

- 了解电气工程施工图幅及其内容。
- 了解建筑电气工程施工图的组成和内容。
- 掌握电气 CAD 制图规范。
- 掌握绘图软件 AutoCAD 的安装与设置方法。
- 掌握对象捕捉、极轴追踪及自动追踪的应用。

1.1 电气工程绘图的基本知识

1.1.1 电气工程施工图幅及其内容

一张完整图纸由图幅线、图框线、标题栏、会签栏等组成，如图 1-1 所示。

1. 图幅

图纸幅面（简称图幅）代号有五类：A0、A1、A2、A3、A4，其尺寸见表 1-1，其中 B 为宽，L 为长，a 为装订侧边宽，c 为边宽，e 为不留装订边时的边宽。有时因为特殊要求需要加长，可由基本图幅的短边成整数倍增加幅面，例如图幅代号为 A3×3 的图纸，一边为 A3 幅面的长边 420mm，另一边为 A3 幅面的短边 297mm 的 3 倍，即 297mm×3 = 891mm，如图 1-2 所示。

长边作为水平边使用的图幅称为横式图幅，如图 1-3a 所示。短边作为水平边使用的图幅称为立式图幅，如图 1-3b 所示。A0~A3 可用横式图幅或立式图幅，A4 只能用立式图幅。

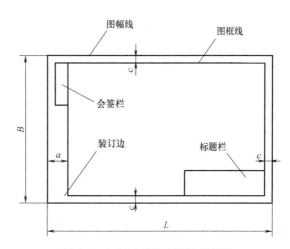

图 1-1　电气工程施工图图纸幅面

表 1-1 图纸幅面尺寸
单位：mm

尺寸代号 ＼ 幅面代号	A0	A1	A2	A3	A4
B×L	841×1189	594×841	420×594	297×420	210×297
a	25				
c		10		5	
e		20		10	

2. 图框

图纸幅面有不留装订边和留有装订边两种。当不留装订边时，图纸的四个周边尺寸相同，边宽为 e，如图 1-3 所示。对 A0、A1 幅面，周边尺寸取 20mm；对 A2、A3、A4 幅面，则取 10mm，见表 1-1。当留装订边时，装订的一边边宽为 a，其他边宽为 c，如图 1-4 所示。各边尺寸大小按照表 1-1 选取，加长幅面的图框尺寸，按所选用的基本幅面大一号的图框尺寸确定。

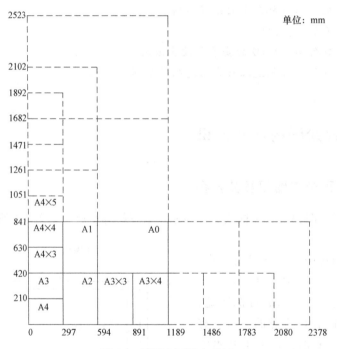

图 1-2 图纸幅面及加长边

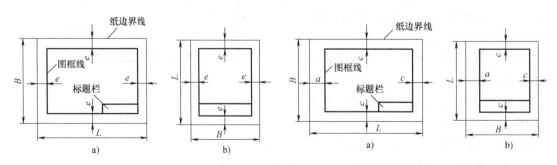

a)　　　　　　　　b)

图 1-3 不留装订边的图框

a)　　　　　　　　b)

图 1-4 留有装订边的图框

不留装订边和留装订边图纸的绘图面积基本相等。图框线的线宽要符合表 1-2 的规定。

表 1-2　图框和标题栏的线宽　　　　　　　　　　　单位：mm

图幅代号	图框线	标题栏	
		外框线	分格线
A0、A1	1.4	0.7	0.35
A2、A3、A4	1.0	0.7	0.35

3. 标题栏

标题栏用来确定图纸的名称、图号、张次、更改和有关人员签名等内容，位于图纸的下方或右下方，也可放在其他位置。图纸的说明、符号均应以标题栏的文字方向为准。我国没有统一规定标题栏的格式，但其内容都大致相同，主要包括：设计单位名称、工程名称、专业负责人、设计总负责人、设计人、制图人、审核人、校对人、审定人、复核人、图名、比例、图号、日期等。会签栏留给相关的水、暖、建筑、工艺等专业设计人员会审图纸时签名使用。

标题栏的长边应为 180mm，短边宜为 30mm、40mm、50mm 或 70mm。标题栏外框线和标题栏分格线的线宽要符合表 1-2 的规定，标题栏样例如图 1-5 所示。

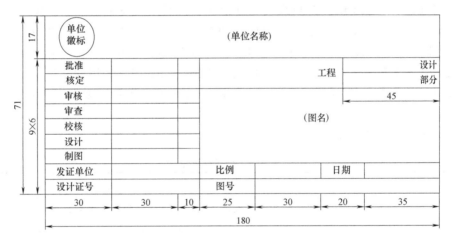

图 1-5　标题栏样例

4. 会签栏

会签栏实为完善图纸、施工组织设计、施工方案等重要文件上按程序报批的一种常用形式。会签栏在建筑图纸上是用来表明信息的一种标签栏，其尺寸应为 100mm×20mm，栏内应填写会签人员所代表的专业、姓名、日期。一个会签栏不够时，可以另加一个，两个会签栏应该并列，不需要会签的图纸可以不设会签栏。图 1-6 为施工图常用的会签栏。

5. 绘图比例

图纸使用比例的目的，是为了将室内结构不变形地缩小和放大在图纸上。图纸比例用阿拉伯数字和符号"："表示，如 1∶100、1∶50 等。1∶100 表示图纸上所画物体是实体的 1/100，1∶1 表示图纸上所画物体与实体一样大。大部分电气图都是采用图形符号绘制的（如系统图、电路图等），但位置图即施工平面图、电气构件详图一般是按比例绘制，且多

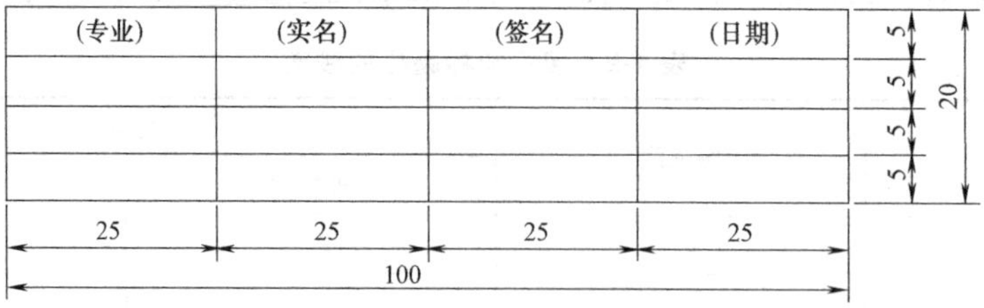

(专业)	(实名)	(签名)	(日期)	

25	25	25	25
	100		

图 1-6　会签栏

用缩小比例绘制。通常用的缩小比例系数为：1∶10、1∶20、1∶50、1∶100、1∶200、1∶500。最常用比例为1∶100，即图纸上图线长度为1，其实际长度为100。

选用的比例应填写在标题栏中。标注尺寸时，不论标题栏中填写的是放大比例还是缩小比例，图面标准尺寸时，都必须是物体的实际尺寸。

6. 线型

在施工图中，为了表示不同图形元素的不同含义，并使得图形主次分明，必须采用不同的线型和不同宽度的图线。

线型可分为实线、虚线、点画线、双点画线、折断线、波浪线等。线宽等级分为粗线、中粗线、细线三个等级。电气工程图常用粗实线、细实线、点画线和双点画线，线的宽度范围一般有 0.25mm、0.35mm、0.5mm、0.7mm、1.0mm、1.4mm。在同一张图上，一般只选用两种宽度的图线，并且粗线宜为细线的 2 倍。采用的实线又可分为粗实线和细实线，一般粗实线多用于表示一次线路、母线等，细实线多用于表示二次线路、控制线等。

通常采用的线型及用途见表 1-3。

表 1-3　线型及用途

名称	线型	用　途
实线	———————	基本线，简图主要内容用线，可见轮廓线，可见导线
虚线	– – – – – –	辅助线，屏蔽线，机械连接线，不可见轮廓线，不可见导线，计划扩展内容用线
点画线	—— · —— · ——	分界线，结构围框线，功能围框线，分组围框线
双点画线	—— ·· —— ·· ——	辅助围框线

7. 字体

图面上有汉字、字母和数字等，书写应做到字体端正、笔画清楚、排列整齐、间距均匀。且应完全符合国家标准 GB/T 14691—1993 的规定，即：汉字采用长仿宋体；字母用直体（正体），也可以用斜体（一般向右倾斜，与水平线成75°）可以用大写，也可以用小写；数字可用直体（正体），也可以用斜体。字体的号数，即字体的高度分为 1.8mm、2.5mm、3.5mm、5mm、7mm、10mm、14mm、20mm 八种。字体宽度约等于字体高度的 2/3，汉字笔画宽度约为字体高度的 1/5，而数字和字母的笔画宽度约为字体高度的 1/10。

图面上字体的大小，应依图幅而定。一般使用的字体最小高度见表 1-4。

表 1-4 字体最小高度

图幅代号	A0	A1	A2	A3	A4
字体最小高度/mm	5	3.5	2.5	2.5	2.5

8. 箭头和指引线

电气图中箭头有两种形式：开口箭头表示电气连接上能量或信号的流向；实心箭头表示力、运动、可变性方向。指引线用于指示注释的对象，其末端指向被注释处，并在其末端加注以下标记：指引线若指在轮廓线内，用一黑点表示；若指在轮廓线上，用一箭头表示；若指在电气线上，用一短线表示。

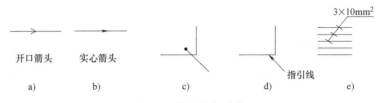

图 1-7 箭头及指引线

9. 标高及方位

在建筑电气和智能建筑工程施工图中，线路和电气设备的安装高度通常用标高表示。标高有绝对标高和相对标高两种表示法。绝对标高又称为海拔标高，是以青岛市外黄海平面作为零点而确定的高度尺寸；相对标高是选定某一参考面或参考点作为零点而确定的高度尺寸。建筑电气和智能建筑工程施工平面图均采用相对标高，一般以室外某一平面或某层楼平面作为零点而计算高度，这一标高称为安装标高或敷设标高。安装标高的符号及标高尺寸标注如图 1-8 所示。图 1-8a 用于室内平面、剖面图上，表示高出某一基准面 3.000m；图 1-8b 用于总平面图上的室外地面，表示高出室外某一基准面 4.000m。

电力、照明和电信平面布置图等图纸一般是按上北下南、左西右东表示电气设备或建筑物、构筑物的位置和朝向，但在许多情况下，都是用方位标记表示其方向。方位标记如图 1-9 所示，其箭头方向表示正北方向。

图 1-8 安装标高表示方法

图 1-9 方位标记

10. 定位轴线

建筑电气与智能建筑工程线路和设备平面布置图通常是在建筑平面图上完成的。在这类图上一般标有建筑物定位轴线。凡承重墙、柱、梁等主要承重构件的位置所画的轴线，称为定位轴线。定位轴线编号的基本原则是：在水平方向采用阿拉伯数字从左至右编号；在垂直方向采用英文字母（U、O、Z 除外）由下向上编号；数字和字母分别用点画线引出。定位轴线标注式样如图 1-10 所示。通过定位轴线能够比较准确地表示电气设备的安装位置，看图时方便查找。

11. 详图索引

详图可画在同一张图上，也可画在另外的图上，这就需要用一标志将它们联系起来。标注在总图位置上的标记称详图索引标志，标注在详图位置上的标记称详图标志。图 1-11a 是详图索引标志，其中"$\frac{2}{-}$"表示 2 号详图在总图上；"$\frac{2}{3}$"表示 2 号详图在 3 号图上。

图 1-11b 是详图标志，其中"5"表示 5

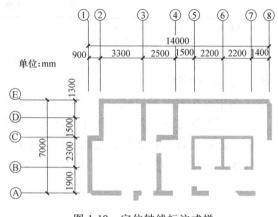

图 1-10 定位轴线标注式样

号详图，被索引的详图就在本张图上；"$\frac{5}{2}$"表示 5 号详图，被索引的详图在 2 号图上。

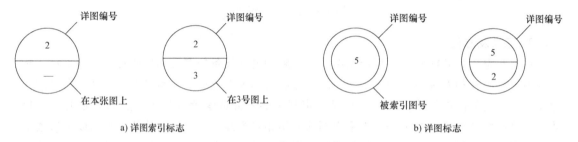

a) 详图索引标志   b) 详图标志

图 1-11 详图标注方法

1.1.2 建筑电气工程施工图的组成和内容

建筑电气是以电能、电气设备和电气技术为手段，创造、维持与改善建筑环境从而实现某些功能的一门学科，它是随着建筑技术由初级向高级阶段发展的产物。20 世纪 80 年代以后，建筑电气不再仅仅应用于照明、动力、变配电等领域，而已开始形成以近代物理学、电磁学、电场、电子、机械电子等理论为基础，应用于建筑领域内的一门新兴学科，并在此基础上又发展与应用了信息论、系统论、控制论以及电子计算机技术。

1. 建筑电气系统

建筑电气系统是管理建筑用电的一种系统，建筑电气系统主要有五部分：变电和配电系统、动力设备系统、照明系统、防雷和接地装置、弱电系统。

（1）变电和配电系统 建筑物内用电设备运行的允许电压（额定电压）出于用电安全大都等于或低于 380V，但输电线路一般电压为 10kV、35kV 或以上。因此，独立的建筑物需自备变压设备，并装设低压配电装置。这种变电、配电的设备和装置组成变电和配电系统。

（2）动力设备系统 建筑物内有很多动力设备，如水泵、锅炉、空气调节设备、送风和排风机、电梯、试验装置等。这些设备及其供电线路、控制电器、保护继电器等，组成动力设备系统。

（3）照明系统　照明系统包括电光源、灯具和照明线路。根据建筑物的不同用途，对电光源和灯具有不同的要求（见电气照明系统）。照明线路应供电可靠、安全，电压稳定。

（4）防雷和接地装置　建筑防雷装置能将雷电引泄入地，使建筑物免遭雷击。另外，从安全考虑，建筑物内用电设备的不应带电的金属部分都需要接地，因此要有统一的接地装置。

（5）弱电系统　弱电系统主要用于传输信号。如电话系统、有线广播系统、消防监测系统、闭路监视系统、共用电视天线系统，以及对建筑物中各种设备进行统一管理和控制的计算机管理系统等。

2. 建筑电气工程

建筑电气工程是为实现建筑电气系统的一个或几个子系统而实施工程的项目，人们根据建筑电气工程的功能和技术的应用，习惯地提出了强电工程和弱电工程。2001年GB 50300—2001《建筑工程施工质量验收统一标准》颁布实施，正式将建筑电气的强电工程和弱电工程分别定为建筑电气工程和智能建筑工程，成为两个相互独立的分部工程，并规定建筑电气工程包括 7 个子分部工程，24 个分项工程，见表 1-5。

表 1-5　建筑电气工程分部分项工程划分

分部工程	子分部工程	分项工程
建筑电气	室外电气	架空线路及杆上电气设备安装，变压器、箱式变电所安装，成套配电柜、控制柜(屏、台)和动力、照明配电箱(盘)及控制柜安装，电线、电缆导管和线槽敷设，电线、电缆穿管和线槽敷设，电缆头制作、导线连接和线路电气试验，建筑物外部装饰灯具、航空障碍标志灯和庭院路灯安装，建筑照明通电试运行，接地装置安装
	变配电室	变压器、箱式变电所安装，成套配电柜、控制柜(屏、台)和动力、照明配电箱(盘)安装，裸母线、封闭母线、插接式母线安装，电缆沟内和电缆竖井内电缆敷设，电缆头制作、导线连接和线路电气试验，接地装置安装，避雷引下线和变配电室接地干线敷设
	供电干线	裸母线、封闭母线、插接式母线安装，桥架安装和桥架内电缆敷设，电缆沟内和电缆竖井内电缆敷设，电线、电缆穿管和线槽敷线，电缆头制作、导线连接和线路电气试验
	电气动力	成套配电柜、控制柜(屏、台)和动力、照明配电箱(盘)及安装，低压电动机、电加热器及电动执行机构检查、接线，低压电气动力设备检测、试验和空载试运行，桥架安装和桥架内电缆敷设，电线、电缆导管和线槽敷设，电线、电缆穿管和线槽敷线，电缆头制作、导线连接和线路电气试验，插座、开关、风扇安装
	电气照明安装	成套配电柜、控制柜(屏、台)和动力、照明配电箱(盘)安装，电线、电缆导管和线槽敷设，电线、电缆导管和线槽敷线，槽板配线，钢索配线，电缆头制作、导线连接和线路电气试验，普通灯具安装，专用灯具安装，插座、开关、风扇安装，建筑照明通电试运行
	备用和不间断电源安装	成套配电柜、控制柜(屏、台)和动力、照明配电箱(盘)安装，柴油发电机组安装，不间断电源的其他功能单元安装，裸母线、封闭母线、插接式母线安装，电线、电缆导管和线槽敷设，电线、电缆穿管和线槽敷线，电缆头制作、导线连接和线路电气试验，接地装置安装
	防雷及接地安装	接地装置安装，避雷引下线和变配电室接地干线敷设，建筑物等电位连接，接闪器安装

3. 建筑电气工程施工图

建筑电气工程施工图主要用来表达上述建筑电气工程的构成、布置和功能，描述电气装置的工作原理，提供安装技术数据和使用维护依据。建筑电气工程施工图的种类很多，主要包括：照明工程施工图、变电所工程施工图、动力系统施工图、电气设备控制电路图、防雷与接地工程施工图等。成套的建筑电气工程施工图的内容随工程大小及复杂程度的不同有所差异，其主要内容一般应包括以下几个部分。

（1）封面　封面主要包括工程项目名称、分部工程名称、设计单位等内容。

（2）图纸目录　图纸目录是图纸内容的索引，主要有序号、图纸名称、图号、张数、张次等，便于有目的、有针对性地查找、阅读图纸。

（3）设计说明　设计说明主要阐述设计者应该集中说明的问题，诸如：设计依据、建筑工程特点、等级、设计参数、安装要求和方法、图中所用非标准图形符号及文字符号等，帮助读图者了解设计者的设计意图和对整个工程施工的要求，提高读图效率。

（4）主要设备材料表　主要设备材料表以表格的形式给出该工程设计所使用的设备及主要材料，包括序号、设备材料名称、规格型号、单位、数量等主要内容，为编写工程概、预算及设备、材料的订货提供依据。

（5）系统图　系统图用图形符号概略表示系统或分系统的基本组成、相互关系及其主要特征的一种简图。系统图上标有整个建筑物内的配电系统和容量分配情况、配电装置、导线型号、截面、敷设方式及管径等。

（6）平面图　平面图是在建筑平面图的基础上，用图形符号和文字符号绘出电气设备、装置、灯具、配电线路、通信线路等的安装位置、敷设方法和部位的图纸，属于位置简图，是安装施工和编制工程预算的主要依据。平面图一般包括动力平面图、照明平面图、综合布线系统平面图、火灾自动报警系统施工平面图等。因这类图纸是用图形符号绘制的，所以不能反映设备的外形大小和安装方法，施工时必须根据设计要求选择与其相对应的标准图集进行。

建筑电气工程中变配电室平面图与其他平面图不同，它是严格依设备外形，按照一定比例和投影关系绘制出的，用来表示设备安装位置的图纸。为了表示出设备的空间位置，这类平面图必须配有按三视图原理绘制出的立面图或剖面图。这类图一般称为位置图，而不能称为位置简图。

（7）电路图　用图形符号并按工作顺序排列，详细表示电路、设备或成套装置的全部基本组成和连接关系，而不考虑其实际位置的一种简图。这种图又习惯称为电气原理图或原理接线图，便于详细理解其作用原理，分析和计算电路特性，是建筑电气工程中不可缺少的图种之一，主要用于设备的安装接线和调试。电路图大多是采用功能布局法绘制的，能够看清整个系统的动作顺序，便于电气设备安装施工过程中的校线和调试。

（8）安装接线图　表示成套装置、设备或装置的连接关系，用以进行接线和检查的一种简图。这种图不能反映各元件间的功能关系及动作顺序，但在进行系统校线时配合电路图能很快查出元件接点位置及错误。

（9）详图　详图（大样图、国家标准图）是用来表示电气工程中某一设备、装置等的具体安装方法的图纸。在我国各设计院一般都不设计详图，而只给出参照某标准图集某图实施的要求即可。如某建筑物的供配电系统设计说明中提出竖井内设备安装详见 90D701-1，防雷、接地系统安装详见 99D501-1、03D501-3。90D701-1、99D501-1、03D501-3 分别是《电气竖井设备安装》、《建筑物防雷设施安装》、《利用建筑物金属体做防雷及接地装置安装》国家标准图集的编号。

1.2　绘图系统的计算机环境准备

进行建筑电气 CAD 绘图，需要有计算机（即硬件配置要求），并安装相应的操作系统与 CAD 绘图软件（即软件配置要求）。

1.2.1　CAD 系统硬件准备

由于计算机软件功能越来越多，程序也越来越复杂，对计算机性能要求也就越来越高。为了实现软件运行快速流畅，需要完成的第一项任务是确保计算机满足 CAD 绘图软件运行所需要的最低系统配置要求。如果计算机系统不满足这些要求，在 AutoCAD 使用中可能会出现一些问题，例如出现无法安装或使用起来十分缓慢费时，甚至经常死机等现象。

若需安装 AutoCAD 2010 以上版本，建议最好采用如表 1-6 配置的计算机，以便获得更为快速的绘图操作效果。当然，若达不到以下计算机配置要求，也可以安装使用，只是运行速度可能较慢，操作需要一点耐心。一般而言，目前的个人计算机都可以满足安装和使用要求。其他相关硬件设施的配置，根据各自情况确定，如打印机、扫描仪、数码相机刻录机等。

表 1-6　建议的计算机配置

硬件类型	配置要求
CPU 类型	Windows XP/Windows 8.1/Windows 10/Windows Vista/ Windows 7
内存（RAM）	用于 32 位:2~3 GB 用于 64 位:4~8 GB
显示分辨率	1360×768 真彩色显示器
硬盘	2GB（安装 AutoCAD 软件所需的空间）
显卡	DirectX9,建议使用与 DirectX 11 兼容的显卡
定点设备	MS-Mouse 兼容鼠标
3D 建模等 其他要求	8GB RAM 或更大 1600×1050 或更高真彩色视频显示适配器(真彩色),具有 128MB 或更大显存且支持 Direct3D 的工作站级图形卡

1.2.2　CAD 系统软件准备

AutoCAD 的版本越高，对操作系统和计算机的硬件配置要求也越高。采用高版本操作系统，不仅其操作使用简捷明了，而且运行 AutoCAD 速度也会相对加快，操作起来更为流畅，建议采用较高版本的 Windows 操作系统。

推荐安装 AutoCAD 2010 及以上版本。AutoCAD 2010 及以上版本分为 32 位和 64 位版本两种类型，安装过程中会自动检测 Windows 操作系统是 32 位还是 64 位，然后安装适当版本的 AutoCAD。不能在 32 位系统上安装 64 位版本的 AutoCAD，反之亦然。

1.2.3　绘图软件 AutoCAD 安装与设置

在查阅了 AutoCAD 多个版本的资料，并结合电气工程绘图需求及使用经验后，本书选取 AutoCAD 2010 来完成贯穿本书的所有实例，如下为该软件的安装及激活过程：

『步骤1』根据计算机所安装的 Windows 操作系统版本选择下载 AutoCAD 2010 的安装软

件包，在安装软件的磁盘预留足够的空间（4GB 以上），解压 autocad2010chinese32bit 安装包并运行包内 "Setup. exe" 文件，如图 1-12 所示。首先会出现安装模块选择页面，如图 1-13所示，选择 "安装产品" 功能后会跳到图 1-14 所示的安装产品选择窗口，选择产品并为安装的产品选择语言。注意在默认情况下，安装 AutoCAD 时不安装 Autodesk Design Review 2010。如果需要查看 DWF 或 DWFx 文件，则建议安装 Design Review。

图 1-12　安装文件

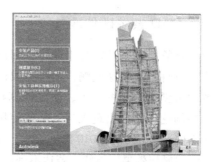

图 1-13　安装模块选择

　　查看适用于用户所在国家/地区的 Autodesk 软件许可协议，选择 "我接受" 并单击 "下一步"，如图 1-15 所示。进入 "产品和用户信息" 页面，输入序列号、产品秘钥和用户信息，如图 1-16 所示，注意此处输入信息是永久性的，要确保输入的信息正确无误。查看对话框底部的链接中 "隐私保护政策" 后单击 "下一步"。

图 1-14　安装产品选择

图 1-15　许可协议

　　在 "查看-配置-安装" 页面上，单击 "配置" 以更改配置，有单机与网络许可选择、安装类型选择、安装的磁盘位置设置和配置服务包。配置完毕后单击 "确定" 键开始安装，配置及安装过程如图 1-17 ~ 图 1-21 所示。

图 1-16　填写产品信息

图 1-17　安装前的配置

图 1-18　许可类型信息

图 1-19　安装类型与位置

图 1-20　配置服务包

图 1-21　安装组件过程

『步骤 2』软件安装完成后，进行使用前的偏好设置，主要包括工作领域行业选择、工作空间设置及关于样板文件的设置，设置情况如图 1-22～图 1-25 所示，至此，软件安装过程完毕。

图 1-22　应用专业选择

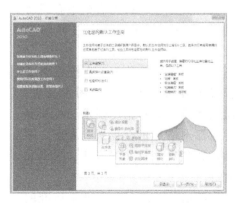

图 1-23　工作空间确定

『步骤 3』首次运行软件会弹出"激活"窗口，选中"激活"按钮，需要输入激活码（获得软件时会得到一个激活密钥），从而激活软件，如图 1-26、图 1-27 所示。激活完成后就可以使用 AutoCAD 完成你的工作了。

图 1-24　检查和标记选项

图 1-25　样板文件设置

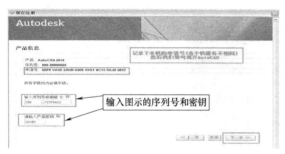

图 1-26　产品激活页

图 1-27　填入激活信息

1.2.4　AutoCAD 文件操作

1. 新建文件

启动软件后系统将自动生成一个文件名 Drawing1.dwg，即进入默认的绘图环境，如果启动后要创建新的图形文件，可以单击菜单【文件】→【新建】。系统将打开图 1-28 对话框。在"文件类型"下拉列表框中有后缀分别为 .dwt、.dwg、.dws 三种图形样板。

在每种图形文件中，系统根据绘图任务的要求进行统一的图形设置，如绘图单位类型和精度要求、绘图界限、捕捉网格与正交设置、图层、图框和标题栏尺寸及文本格式、线型和线宽等。

一般情况下，.dwt 文件是标准的样板文件，通常将一些规定的标准的

图 1-28　"选择样板"对话框

样板文件设置成 .dwt 文件，若要进入默认的绘图环境可选择 acadiso.dwt 样板文件；.dwg 文件是普通的样板文件；而 .dws 文件是包含标准图层、标注样式、线型和文字样式的样板文件。可根据需要进行选择。

2. 打开已有的图形文件

选择菜单中【文件】选项，单击"打开"，执行命令后，系统打开"选择文件"对话框，如图1-29所示。在"文件类型"下拉列表框中可以选择 .dwt、.dwg、.dws、.dwf 文件。.dwf 文件是用文本形式存储的图形文件，能够被其他程序读取，许多第三方应用软件都支持 .dwf 格式。

3. 保存图形文件

（1）保存 保存文件可以单击"标准"工具栏中的 ▣ 按钮，或菜单：【文件】→【保存】。执行上述命令后，若文件已命名，则 AutoCAD 自动保存；若文件未命名（即为默认的文件名 drawing1.dwg），则系统打开"图形另存为"对话框，如图1-30所示，用户可以命名保存。在"保存于"下拉列表框中可以指定保存文件的路径；在"文件类型"下拉列表框中可以指定保存文件的类型。

图1-29 "选择文件"对话框

图1-30 "图形另存为"对话框

（2）另存为 图形文件另存为的方法是菜单：【文件】→【另存为】。执行上述命令后，系统打开"图形另存为"对话框，AutoCAD 用另存为保存，并把当前图形更名，如图1-30所示。需要指出的是：保存的文件类型有很多选项，如果保存的图形文件将来可能要用较低版本的 AutoCAD 环境打开，应选择保存低版本的类型，使当前的版本与较低的版本兼容。

4. 文件加密

在 AutoCAD 中可以对有安全加密要求的文件使用密码保护功能，对指定图形文件执行加密操作。具体方法是，在"Auto-CAD 经典"工作空间下，选择菜单中【工具】→【选项】→"打开和保存"→"安全选项"后出现对话框，在"密码"选项卡的文本框中输入密码，然后单击"确定"按钮，打开"确认密码"对话框，并在文本框中确认密码。在进行加密设置时，可单击对话框中的"高级"按钮，设置密码的级别，如图1-31所示。为文件设置密码

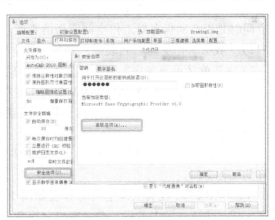

图1-31 "安全选项"对话框

后再打开已加密的文件，则自动出现"询问密码"对话框，输入正确的密码后方可打开保存的图形文件。

1.3　AutoCAD 2010 的工作空间与界面

AutoCAD 2010 提供了实用的工作空间（所属的工作空间是经过分组和组织的菜单、工具栏、选项板等的集合），使用户可以在自定义的、面向任务的绘图环境中工作。使用工作空间时，只会显示与任务相关的菜单、工具栏和选项板等。此外，工作空间还可以自动显示功能区，即带有特定任务的控制面板的特殊选项板。

1.3.1　工作空间

AutoCAD 2010 提供的工作空间有"二维草图与注释""三维建模"和"AutoCAD 经典"，如图 1-32 所示。可以轻松地利用应用程序状态栏中的工作空间列表框或"工作空间"工具栏来切换工作空间，当然也可以创建或修改工作空间。

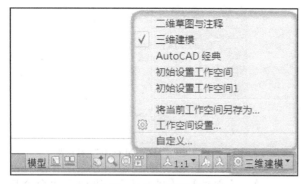

图 1-32　工作空间列表框图

图 1-33　工作空间设置对话框

若在"工作空间"工具栏单击"工作空间设置"按钮，或者从应用程序状态栏的工作空间列表框中选择工作空间设置命令，打开如图 1-33 所示的工作空间设置对话框。利用该对话框，可以设置"我的工作空间"类型，定制工作空间的菜单显示及顺序，设置切换工作空间时是否自动保存对工作空间所做的更改。

1）"我的工作空间"列表框：显示工作空间列表，从中可以选择当前的工作空间。

2）"菜单显示及顺序"选项组：控制要显示在工作空间工作栏和菜单中的工作空间名称、工作空间名称的顺序，以及是否在工作空间名称之间添加分隔线。

3）"切换工作空间时"选项组：用来设置在切换工作空间时，是否自动保存对工作空间所做的修改。

在"工作空间"工具栏中单击"我的工作空间"按钮，则将当前的工作空间切换到设置好的工作空间。

AutoCAD 2010 经典工作空间的界面如图 1-34 所示，主要由标题栏、菜单栏、工具栏、绘图区域、快速访问工具栏、命令窗口（也称命令文本窗口）、工具面板和状态栏等几部分组成。而 AutoCAD 2010 提供的二维草图与注释工作空间，包含与二维空间和注释相关的功能区、快速访问工具栏、标题区、绘图区域、命令窗口和状态栏等，如图 1-35 所示。另外，在创建三维模型时，可以使用"三维建模"工作空间，"三维建模"工作空间仅包含与三维相关的工具栏、菜单栏和选项板，如图 1-36 所示。三维建模不需要的界面项会被隐藏，使得用户的工作屏幕区域最大化。

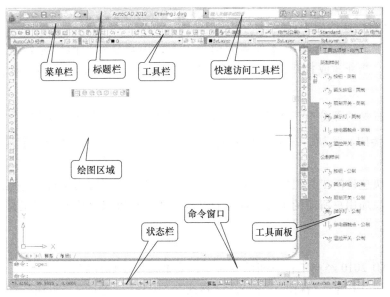

图 1-34 AutoCAD 2010 经典工作空间

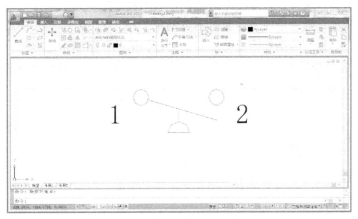

图 1-35 二维草图与注释工作空间

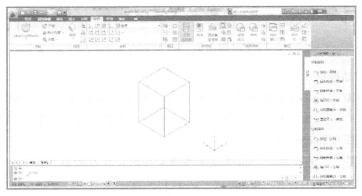

图 1-36 三维建模工作空间

1.3.2 界面

1. 标题栏与快速访问工具栏

标题栏位于 AutoCAD 2010 工作界面的最上方，用来显示当前软件名称及其版本，如 AutoCAD 2010。当新建或打开建模文件时，在标题栏中还显示该文件的名称，如卫生间详图 . dwg。

在标题栏右侧的部分有三个实用按钮，分别为 ▭ （最小化）按钮、▭ （最大化）按钮和 ✕ （关闭）按钮。当最大化界面后，▭ （最大化）按钮变为 ▭ （向下还原）按钮。

系统默认快速访问工具栏位于标题栏中，它显示和收集了常用工具。当然用户可以向快速访问工具栏添加用户所需的工具。如果有必要，用户也可以将快速访问工具栏设置显示在功能区的下方。

2. 菜单栏

在 AutoCAD 2010 经典工作空间的界面中，菜单栏位于标题栏的下方。菜单栏包含的主菜单有"文件""编辑""视图""插入""格式""工具""绘图""标注""修改""参数""窗口"和"帮助"菜单。在各主菜单中，如果某个命令选项后面带有"..."符号，则表示选择该命令选项后系统将会打开一个对话框，利用对话框来完成具体的操作；如果其中的命令选项以灰色显示，则表示该命令暂时不可利用，图 1-37 中是"绘图"菜单，菜单子项目前是识别图标，名称后的括号中是对应的快捷键，黑色三角指示还有下一级子菜单，其中"表格""填充"等命令后有"..."符号，完成这个命令需要打开对话框，其他菜单类似。

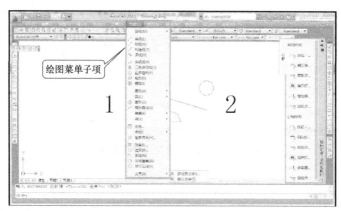

图 1-37　绘图菜单

3. 工具栏与功能区

AutoCAD 2010 提供了多种工具栏，所有的工具栏都是制图常用的快捷辅助工具，它集中了常用命令的工具按钮。在工具栏中单击某个按钮，便会执行相应的功能操作，而不必从菜单栏中选择所需的菜单命令。

用户可以根据设计的需要，调用或隐藏其他工具栏，其方法如下：

1）在界面上的任何工具栏（快速访问工具栏除外）上单击右键，弹出如图 1-38 所示的工具栏组快捷菜单，该快捷菜单中列出了 30 多种工具栏选项。

2）在该快捷菜单中，选择所需要的工具栏名称。若某个工具栏名称前具有"√"符号，则表示该工具栏处于被调用的状态。

图 1-38 AutoCAD 工具栏组

工具栏既可以被固定，也可以处于浮动状态。其中，固定的工具栏附着在绘图区域的任一条边上。当在未将工具栏设置为固定状态的情况下，单击工具栏上的空白区域并将其拖动到绘图区域，即变为浮动工具栏（浮动工具栏可以位于绘图区域的任何位置）。拖动浮动工具栏的一条边可以调整其大小。

按照希望的方式排列工具栏后，可以锁定它们的位置。其方法是：在工具栏中右键单击，弹出一个快捷菜单，选择快捷菜单中的"锁定位置"→"全部"→"锁定"命令，如图 1-38 所示。

二维草图与注释工作空间提供了直观的功能区，所谓的功能区是显示基于任务的命令和控件选项板，如图 1-39 所示。功能区的每个选项卡中都包含了相应的面板，而每个面板中都集中了基于任务的命令工具。

图 1-39 二维草图与注释的"视图"面板

4. 状态栏

状态栏位于工作界面的底部，如图 1-40a、b 所示。其中图 1-40a 是状态栏的左半部分，用来显示光标坐标值、提供坐标运动信息，以及显示和控制捕捉、栅格、正交、极轴追踪、对象捕捉追踪、动态 UCS、动态输入、线宽、快捷特性、模型的状态等；图 1-40b 是状态栏的右半部分，用来显示比例、模型或图纸空间切换、放缩和平移工具、工作空间列表、工具栏锁和全屏显示控制。按钮高亮显示时，表示打开该按钮的功能；反之，则表示该按钮的功能已关闭。

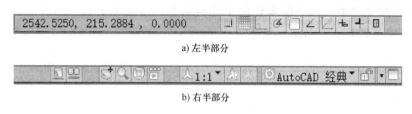

a) 左半部分

b) 右半部分

图 1-40　AutoCAD 2010 的状态栏

5. 命令行窗口

命令行窗口，也称命令文本窗口，它由当前命令行和命令历史列表组成，如图 1-41 所示。当前命令行用来显示 AutoCAD 等待输入的提示信息，并接受用户键入的命令或参数。而命令历史列表框则保留着自系统启动以来操作命令的历史记录，可供用户查询。

图 1-41　命令行窗口

在进行制图工作的过程中，应该多注意当前命令行的提示，按照系统提示输入命令或者输入文本参数等。采用命令行进行输入操作时，如果对当前输入命令的操作不满意，可以按 Esc 键取消该操作，然后重新输入。

按 F2 功能键，将打开"独立"Auto-CAD 文本窗口，如图 1-42 所示。在这个窗口中，同样可以进行输入命令或参数的操作，同时对历史记录的查询和编辑也更加方便。

图 1-42　"独立"的 AutoCAD 文本窗口

6. 绘图区域

绘图区域是主要的工作区域，图形的绘制与编辑的大部分工作都在该区域中进行。在绘图区域中，有两点需要注意：一是光标；二是坐标系图标。

光标的作用不言而喻，图形的绘制和编辑操作都要依赖光标来执行。移动光标，当动态输入显示打开时，在状态栏中显示的坐标值也随之变化。

在 AutoCAD 2010 中，绘图区域可以分成若干个图形窗口。设置多个图形窗口（视口）的命令如图 1-43 所示。当选择菜单"视图"→"视口"→"新建视口"命令时，打开如图 1-44 所示的对话框，利用该对话框可以设置适合二维或者三维的多图形窗口。

7. 选项板

AutoCAD 2010 提供了多种实用的选项板（面板），用户可以从如图 1-45 所示的【工具】→【选项板】级联菜单中选择所需要的命令，从而打开相应的选项板。

这里主要介绍工具选项板。工具选项板是一个十分有用的辅助设计工具，为用户提供了最常用的各类图形块和填充图案等内容。若界面没有工具选项板，此时要打开工具选项板，

图 1-43 设置视口

图 1-44 新建视口

可以在【工具】→【选项板】级联菜单中选择"工具选项板"命令。例如在工具选项板中选择"注释"选项卡，便列出一些常用的图块与样例，如图 1-46 所示。在绘制建筑图形的过程中可以使用拖拽的方式将其中所需要的图例拖放到图形区域中，这样可以在一定程度上提高绘图效率。

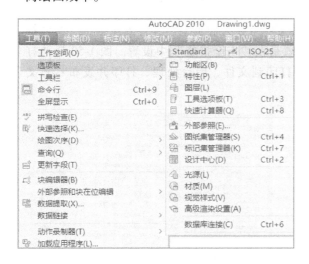

图 1-45 工具选项板

图 1-46 "注释"选项卡

1.4 AutoCAD 操作基础

AutoCAD 通过基本的操作方法实现复杂图形的绘制，在执行基本操作命令时要做必要的设置，本节主要介绍基本操作及设置的有关内容。

1.4.1 基本设置

初始设置主要包括：选项、自定义用户界面、图形界限、设置绘图单位等。

1. 选项

菜单：【工具】→【选项】或者在"命令"行输入：OPTIONS。

"选项"对话框的设置很重要且使用频率较高，有关图形的全局性属性均在这里设置，以选项卡的方式展示了设置项。图1-47是"文件"选项卡，其类似于电脑系统中的资源管理器，可以通过文件选项中的目录树查询和设置文件信息。图1-48是"显示"选项卡，能够对界面中元素，如屏幕颜色和字体、布局元素、显示精度及十字光标大小等进行设置。

图1-47 "文件"选项卡   图1-48 "显示"选项卡

图1-49是"打开和保存"选项卡，能够对文件另存为的类型、文件安全措施、文件打开和外部参照等进行设置。如前面的文件加密就是在"安全措施"中设置。图1-50是"打印和发布"选项卡，能够对打印的默认设备、打印到文件、后台处理、打印并发布日志文件、自动发布、基本打印选项等进行设置。

图1-49 "打开和保存"选项卡   图1-50 "打印和发布"选项卡

图1-51是"系统"选项卡，可以设置三维性能、当前定点设备、布局重生成选项、数据库连接选项、常规选项和Live Enabler选项。图1-52是"用户系统配置"选项卡，可以设置Windows标准操作、插入比例、字段、坐标输入优先级、关联标注，如插入比例单位可选择毫米或厘米，右键单击出现快捷菜单等。

图1-53是"草图"选项卡，可以设置自动捕捉选项、对象捕捉选项、AutoTrack（自动追踪）选项、自动捕捉标记及光标靶框大小。图1-54是"三维建模"选项卡，可以设置三维十字光标、显示UCS图标、动态输入、三维对象和三维导航。

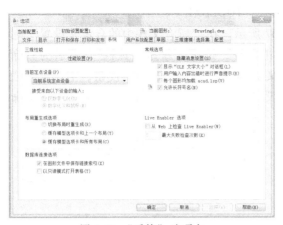

图 1-51 "系统"选项卡

图 1-52 "用户系统配置"选项卡

图 1-53 "草图"选项卡

图 1-54 "三维建模"选项卡

图 1-55 是"选择集"选项卡，可以设置拾取靶框大小、选择集模式、夹点大小及夹点属性。图 1-56 是"配置"选项卡，能够添加配置文件并进行配置文件的输入输出等操作。

图 1-55 "选择集"选项卡

图 1-56 "配置"选项卡

2. 自定义工具栏

AutoCAD 系统已经按照分类和使用频率，给出 30 几个工具栏，在绘图过程中，用户可以根据自己绘图需要，重新定制自己的工具栏，定制方法如下：

菜单：【视图】→【工具栏】或者在命令行输入：TOOLBAR。

出现"自定义用户界面"对话框，如图1-57所示，在"所有文件中的自定义设置"列表框中展开工具栏树，在任意一个工具栏上单击右键，选择"新建工具栏"，然后为其命名，图中显示的"综合常用工具"为用户自定义工具栏，单击"应用"按钮，空白工具栏出现在绘图区域，收起"所有文件中的自定义设置"列表框，在ACAD命令列表中拖动命令到新建工具栏，如图1-58所示。

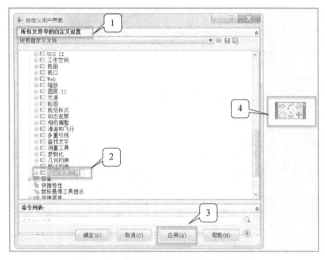

图1-57　"自定义用户界面"对话框

图1-58　添加ACAD命令到工具栏

3. 绘图单位及精度

在绘图之前要根据绘图需要进行绘图单位的设置，选择如图1-59所示的下拉菜单，单击【单位】选项，进入图1-60所示的"图形单位"对话框，然后对长度、精度、角度类型及精度、缩放插入内容的单位和光源强度等设置。其中长度类型列表中有小数、工程、分数、建筑、科学，选中后在输入样例区可以查看其表示方式，长度精度有九种精度可选，默认为0.0000。设置图形的角度类型和精度的方法与长度设置方法基本一致，角度类型列表中包含五种，分别是百分度、度/分/秒、弧度、勘测单位和十进制度数。单击"方向"按钮能够设置基准角度方向，如图1-61所示。

图1-59　"单位"选项

图1-60　"图形单位"对话框

图1-61　"方向控制"对话框

4. 图形界限

AutoCAD 中的绘图区域可以被看作是一张无穷大的图纸，为了使绘制图形完全显示在当前绘图窗口内，需要根据图形的范围设置图形界限。

菜单：【格式】→【图形界限】或者在命令行输入：LIMITS。

输入命令后，命令行出现提示：

```
指定左下角点为[(ON)/(OFF)]<0.0000,0.0000>：
```

在提示"："后可以输入"ON"，将打开界限检查，用户绘制的图形不能置于设置边界之外；反之输入"OFF"，可以在界限外绘制对象和指定点；也可直接输入界限右下角点，回车之后根据提示输入左上角点坐标。

1.4.2 命令的输入方式和对象的选择

AutoCAD 在绘图图形中需要输入命令，系统根据不同的命令执行不同的任务，一般各种操作命令是针对不同的对象而言的，因此在操作过程中要选择不同的对象，下面以"直线"命令为例，说明几种命令输入方式。

1. 命令的输入方式

AutoCAD 绘制图形或编辑图形需要输入命令，如要画一直线有多种命令输入方式。

1）利用菜单输入命令：展开菜单栏选择命令，左键单击【绘图】→【直线】后完成命令输入。

2）利用工具条输入命令：通过左键单击工具条中的 ![]工具，直接可以启动命令。

3）在命令行输入命令：如在命令行输入命令"LINE"后回车即可完成命令输入。此外如在状态栏中按下动态输入（DYN）按钮，则输入的命令将在十字光标旁的小窗口出现。需要强调的是命令行除提供输入命令外，还有输入命令后的多个交互操作，比如提示下一步操作如何进行，还能提示各种选项的命令代码，因此每一步操作都应关注命令行提示。

4）右键输入命令：在绘制图形过程中单击右键出现菜单后，在其中选择所需的命令进行操作。

在命令输入及操作过程中如要终止命令或停止操作，可单击"Esc"键退出。命令执行过程中可单击"Enter"（回车键）或"Space"（空格键）进行确认，也可以单击右键，使用菜单中的"确认"选项进行确认，具体命令输入方式如图 1-62 所示。

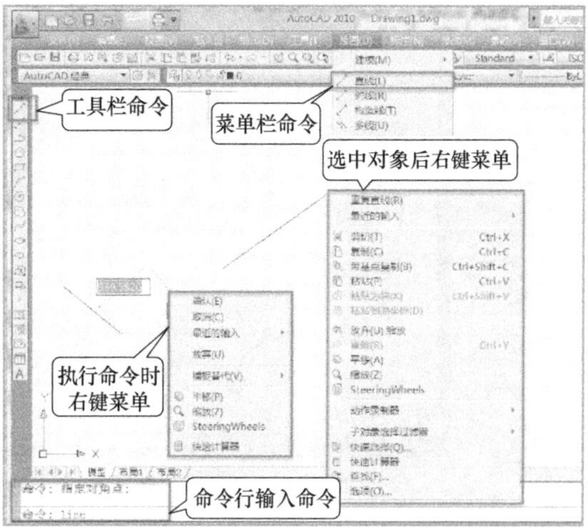

图 1-62 具体命令输入方式

2. 对象的选择方法

AutoCAD 对图形进行编辑和操作需要选择对象，选择对象分为用十字光标选择对象和用拾取框选择两种情况。用十字光标主要是用光标单击对象或用下述方法 1、方法 2 选择对象，用拾取框则适用于以下各种方法。

（1）矩形包围窗口　选取对象十字光标，移动到要选择的物体左上角点，单击左键后向右下方移动出现一矩形窗口。拉动矩形右下角点，扩大矩形窗口直至完全包围要选择对象后，再单击左键，对象即被选中（变成虚线状）。矩形包围窗口如图1-63所示。

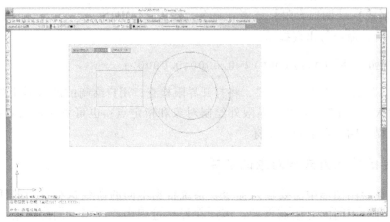

图1-63　矩形包围窗口

（2）矩形交叉窗口选取对象　与包围窗口不同的是在对象的右下角单击左键后向对象的右上角方向拖动形成一矩形窗口，此窗口只要与要选择的对象相交后再单击左键对象即被选中（变成虚线状）。此方法适用于较大型对象不易被包围或根本无法包围的情况。

（3）多边形包围窗口选取对象　如要删除对象可以先单击工具栏中的删除按钮，出现一小拾取框，若对象比较散乱，可以用多边形包围窗口方式选取。在命令行或动态输入窗口输入WP命令后回车，则逐点拉动点取的窗口是不规则的，将此不规则的窗口包围对象后回车即选中对象，再回车后可将对象删除。不规则包围窗口如图1-64所示。

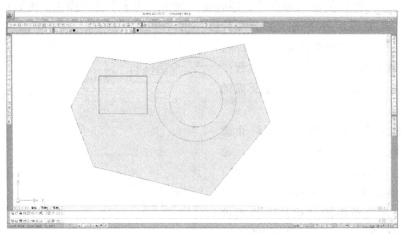

图1-64　不规则包围窗口

（4）多边形交叉窗口选取对象　如要删除对象可以先单击工具栏中的删除按钮，出现一小拾取框，若对象比较散乱也可以用多边形交叉窗口方式选取。在命令行或动态输入窗口中输入CP命令后回车，则逐点拉动点取的窗口是不规则的，将此不规则的窗口与对象相交后回车即选中对象，再回车后可将对象删除。

（5）线段相交选取对象 如要删除对象可以先单击工具栏中的删除按钮，出现一小拾取框，如果对象比较散乱也可以用线段交叉窗口方式选取。在命令行或动态输入窗口中输入 F 命令后回车，则逐点拉动点取的是线段，将此线段与对象相交后回车即选中对象，再回车后可将对象删除。

（6）选择全部对象 如果要删除全部对象则点取工具条中的删除按钮后，输入命令 ALL 后回车，即选取了全部对象，再回车即删除全部对象。

（7）在选中的对象中取消选中 如果用拾取框选择了全部对象，但又不想选择其中部分对象，可以按住 Shift 键后再点取其中不需要选取的对象。

（8）使用选择集过滤器 在选择对象时，通过对所创建的选择集使用一个过滤器可以限制哪些对象将被选择。选择集过滤器可以根据一些特性，如颜色、线型、对象类型或者这些特性的组合去选择对象。例如，可以创建一个选择集过滤器，以便在指定的图层上仅选择蓝色的图。

可以根据过滤条件快速定义一个选择集。首先创建一个选择集，然后根据执行编辑命令并使用前一个选择集。"对象选择过滤器"对话框可以定义较为复杂的过滤条件，并且可以保存和恢复命名的过滤器。既可以使用过滤器在执行一个编辑命令前确定一个选集，也可以在 AutoCAD 提示选择对象时透明地使用。不论使用哪种模式，只有那些符合过滤器条件的对象才可以添加到选择集中。

在使用颜色和线型过滤器时，AutoCAD 仅管理那些明确使用颜色或线型标记的对象，而管理那些使用图层的颜色或线型标记的对象。要选择一个颜色设置为"图层"的对象（例如，一个圆是蓝色的，是因为它所在的图层是蓝色的），必须设置一个符合那个特定的图层的过滤器或者将颜色过滤器设置为 ByLayer。

使用快速选择的方法如下：

1）命令：QSELECT。

2）选择【工具】→【快速选择】菜单项。

3）在视图区单击鼠标右键，在弹出的快捷菜单中选择"快速选择"菜单项。

"快速选择"对话框（一）如图 1-65 所示，通过这个对话框可以对多种参数进行设置。如果选择集对象有多种线型，则要在图 1-66 的"快速选择"对话框（二）中选择线型。比如图 1-67 中所示的图形，其中有矩形、圆形和五边形，其中五边形为虚线，在线型值下拉表中选 ACAD_ ISO02Wl00，单击确定按钮后，则虚线的五边形被选中。在图纸对象丰富，不能通过简单的框来选择时，快速选择的优势更为突出。

1.4.3 目标对象捕捉和追踪

为提高绘图精度和效率，AutoCAD 对目标对象有自动捕捉功能。该功能对于一些特殊的点可以进行设置捕捉，当遇到设置捕捉的点可以像磁铁一样自动捕捉定位，非常方便快捷。

1. 对象捕捉

在菜单中选择【工具】→【草图设置】 → "对象捕捉"，或在状态栏中对象捕捉选项卡上单击右键，再在菜单中选【设置】后出现对话框，如图 1-68 所示。

其中有 13 个选项，可以分别单选也可以全部选择和全部清除，下面分别介绍各种捕捉功能：

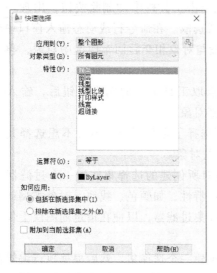 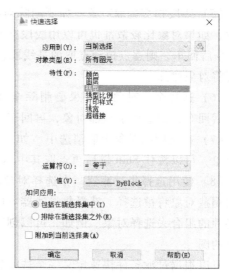

图 1-65 "快速选择"对话框（一）　　　　图 1-66 "快速选择"对话框（二）

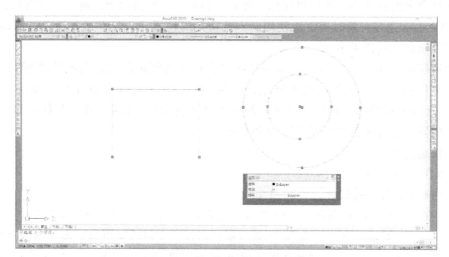

图 1-67 应用快速选择进行选择

1）端点：是直线或曲线段的两端点。

2）中点：线段或圆弧等对象的中点。

3）圆心：圆或圆弧的圆心。

4）节点：节点对象，如捕捉点、等分点或等距点等。

5）象限点：象限点是圆上的四等分点，即圆的十字中心线与圆的交点。

6）交点：线段、圆弧等对象的相交点。

7）延伸：直线或圆弧的延长线上的点。

8）插入点：图块、图形、文本和属性等的插入点。

9）垂足：绘制垂直几何关系时，捕捉到对象上的垂足。

10）切点：圆或圆弧上的切点。

11）最近点：捕捉离拾取点最近的线段、圆或圆弧等对象上的点。

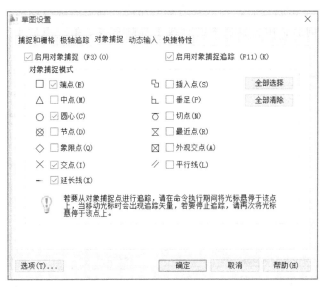

图 1-68　"对象捕捉"对话框

12）外观交点：捕捉对象的虚交点，如某直线的延长线与对象的交点。

13）平行：捕捉与参照对象平行的线上符合指定条件的点。如画一条与已经存在的线段平行的线。

此外还可以通过右键单击工具栏出现菜单，单击设置出现对话框，选择对象捕捉后可以出现对象捕捉工具条，如图 1-69 所示。该工具条左端有"临时追踪点"和"捕捉自"两个按钮，右端有"无捕捉"和"对象捕捉设置"两个按钮。其他是前面所述 13 个工具按钮。

1）临时追踪点：创建对象捕捉所使用的临时点，如捕捉与指定点水平或垂直等方向的点。

2）捕捉自：捕捉与临时参照点偏移一定距离的点。

3）无捕捉：关闭对象捕捉模式，不使用捕捉方式。

4）对象捕捉设置：单击后开启对象捕捉对话框，进一步设置对象捕捉模式。

图 1-69　对象捕捉工具条

2. 自动追踪功能设置及应用

自动追踪功能可按指定角度绘制对象，或者绘制与其他对象有特定关系的对象。自动追踪是非常有效的辅助工具，分为对象捕捉追踪和极轴追踪两种方式。

（1）极轴追踪　极轴追踪是在画直线时，当设置了极轴追踪后（将状态栏中的极轴按钮按下），如果画直线的另一端使直线处于水平或垂直时能自动出现虚线并使线段吸附，方便画水平和垂直线段。如果动态输入开启还能在动态输入窗口显示另一点与上一点的距离和角度。如图 1-70 所示。

（2）设置极轴追踪　右键单击状态栏"极轴追踪"按钮，出现菜单后选择设置，出现"极轴追踪"对话框，如图 1-71 所示。除水平垂直状态可以追踪外，其他角度方向也可以设置追踪，在对话框中单击新建后，输入要追踪的角度，确定后即可以对所设置的角度方向追踪。如设置45°角方向后，用工具栏中的直线工具画直线，第一点后十字光标移动至45°方向出现追踪如图1-72所示。

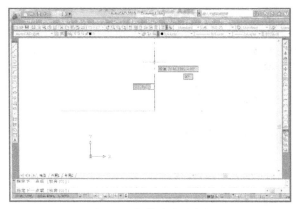

图 1-70　极轴追踪示意图

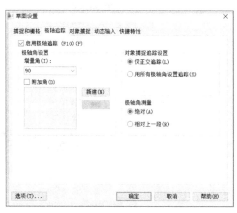

图 1-71　"极轴追踪"对话框

3. 对象追踪

对象追踪是对对象上的点进行追踪，可以仅正交追踪也可以设置为用所有极轴角进行追踪（图1-71中选项），用此功能对画图定位很方便。仍以直线为例，做一与矩形一边方向上的直线初始点的追踪。单击直线工具按钮后，再使光标在要追踪的矩形的角点停留，出现捕捉框（对象捕捉应打开）后，光标往左移动（需要的方向）即出现追踪，如图1-73所示。

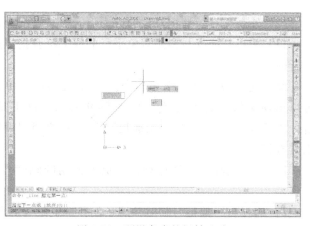

图 1-72　预设角度的极轴追踪

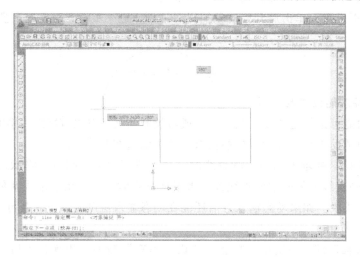

图 1-73　对象追踪示意图

4. 正交模式

在状态栏中单击正交按钮或按下 F8 后为正交模式，此时如果画直线，则只能是画水平线或垂直线。若所需的线段都是水平或垂直的，用此功能非常方便。如果想取消正交则再次单击正交按钮或 F8，正交模式下所绘直线如图 1-74 所示。

5. 栅格捕捉

在状态栏中有捕捉和栅格两个选项，所谓栅格是在绘图区建立一些固定间距的方格，方便掌握绘图比例，捕捉是能使光标被这些格线的交点捕捉，便于精确定位。在状态栏中右键单击栅格后选择菜单中的设置，出现"草图设置"对话框，选择"捕捉和栅格"选项卡，可以设置栅格的间距、捕捉间距、每条主线的栅格数等。如不使用栅格捕捉功能时，可将相应按钮点起。"捕捉和栅格"选项卡如图 1-75 所示。

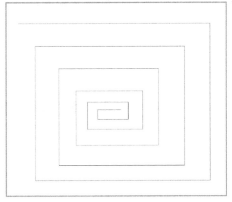

图 1-74　正交模式下所绘直线

图 1-75　"捕捉和栅格"选项卡

1.4.4 图层特性

为了完成复杂的图形，AutoCAD 提供了图层工具。图层可以将不同类型对象进行分类分组管理，各个图层结合起来形成一个完整的图形。AutoCAD 有图形特性管理器，可以方便地对不同图层进行操作，如建立新图层，设置当前图层，修改图层颜色和线型，打开或关闭图层，冻结或解冻图层，锁定或解锁图层。通过对不同图层进行的合理设置和使用，提高绘图效率，也避免了对已经完成的图形误操作导致的问题。

1. 图层设置

单击菜单【格式】→【图层】或在工具栏中右键单击，出现"工具栏"菜单后，打开图层工具，单击图层工具中"图层特性管理器"按钮，出现"图层特性管理器"对话框，如图 1-76 所示。

在对话框中标题栏下有七个按钮，依次为新特性管理器、新组过滤器、图层状态管理器、新建图层、新建所有视口均冻结的图层和置为当前按钮。按钮下方为图层列表框，通过"图层特性管理器"对话框可以完成图层的设置和管理。每单击新建图层按钮一次后将出现一个新图层，可以单击相应的位置，设置图层名称、开关灯、冻结、上锁解锁、颜色、线型、线宽、打印方式、是否打印、视口冻结等。其中"开关灯"设置图层可见不可见；"线型"是选择当前层的线型，如线型较少可以通过加载添加更多线型；"冻结"（如单击后出现冰花状）则表示此图层（视口）上对象不能显示和编辑修改；"颜色"、"线宽"、"打印样式"单击后均有对话框可供选择。"删除图层"按钮单击后要检测图层是否为当前图层，当前图层不能被删除。删除图层前需要先将图层上所有内容删除才能进行图层删除，选中某图层后单击"置为当前"按钮则此图层被置为当前。

2. 管理图层特性和状态

在图层特性管理器中单击图层状态管理器，进行图层状态管理，如图 1-77 所示。各选项功能如下：

1）新建按钮：创建新的图层状态。

2）删除按钮：删除选定图层状态。

3）输入按钮：打开输入图层状态对话框，将外部图层状态文件加载到当前图形。

4）输出按钮：打开输出图层状态对话框，将当前选定的图层状态保存到外部图层文件中。

5）要恢复的图层特性：可以选要恢复的设置。

6）全部选择按钮：选择全部设置。

7）全部清除按钮：选择全部清除。

8）关闭图层状态中未找到的图层复选框：恢复图层状态时，关闭未保存设置的新图层，以便图形的外观与保存图层状态时一样。

9）恢复按钮：将图层恢复为先前保存的设置。

10）关闭按钮：关闭图层状态管理器并保存所做更改。

图 1-76　"图层特性管理器"对话框

图 1-77　图层状态管理器

1.5　本章小结

本章首先介绍了电气工程施工图幅及其内容，接着介绍了建筑电气工程施工图的基本概念及组成。1.2、1.3 节分别介绍绘图系统的软硬件、绘图软件 AutoCAD 安装与设置、文件基本操作、AutoCAD 工作空间与界面，使得读者了解绘图前应做的一些基本工作。1.4 节介绍了 AutoCAD 绘制平面图的一些常用设置及快速高效绘图工具的说明。

第 2 章

二维基本图形绘制

【学习目标】

- 掌握绘制点、线、圆、圆弧、椭圆和多边形等的方法和技巧。
- 掌握利用绝对坐标和相对坐标绘制各种角度与长度线段的方法。
- 掌握多段线以及多线的创建与编辑方法。
- 掌握点的定数等分和定距等分方法。
- 掌握图案填充的多种填充方法。

2.1 AutoCAD 坐标系

坐标在空间或平面中用于描述物体所在位置。AutoCAD 中的坐标系按用法不同，可以分为直角坐标系和极坐标系，按坐标值参考点不同可以分为绝对坐标系和相对坐标系。在绘制图形过程中，往往需要精确定位参照某点进行绘图。

2.1.1 世界坐标系和用户坐标系

AutoCAD 提供了两种主要坐标系：一种为固定位置的世界坐标系（WCS）；另一种则为可移动的用户坐标系（UCS）。

1. 世界坐标系

在 WCS 中，X 轴是水平的，Y 轴是垂直的，Z 轴垂直于 XY 平面。原点是图形左下角 X 轴和 Y 轴的交点（0，0）。在二维制图中，使用 WCS 就足够了，也可根据 WCS 来定义 UCS。AutoCAD 的默认坐标系是 WCS，如图 2-1a 所示，其坐标的交汇处显示一方框标记。当用户开始创建一张新图时，WCS 是默认坐标系，其坐标原点和坐标轴方向均不会改变。

2. 用户坐标系

用户坐标系是相对世界坐标系而言的，用户为了方便绘图，自行创建的坐标系。AutoCAD 提供了功能丰富的 UCS，UCS 的原点可以在 WCS 内的任意位置上，而且其坐标轴的方向也可以灵活设定。UCS 的坐标轴交汇处没有方框标记，如图 2-1b 所示，例如：选择工具/新建/原点命令，并在图中单击中心点，这时圆心就变成了坐标原点。在一般的平面设计中，通常不需要另行设置自己的用户坐标。在三维绘图中，用户可以使用 UCS 命令，通过对世界坐标系做平移、旋转等操作来建立用户坐标系。用户坐标系中的三个坐标轴之间仍垂直，但在方向及位置上有了很大的灵活性。

在实际应用中，为了方便坐标输入、栅格显示、栅格捕捉和正交模式等设置操作，偶尔会巧妙地重新定位和旋转用户坐标系。例如，移动 UCS 可以更加容易地处理图形的特定部分，旋转 UCS 可以帮助用户在三维或旋转视图中指定点。

重新定位用户坐标系的方式主要有：
- 通过定义新的原点移动 UCS。
- 将 UCS 与现有对象或当前视线的方向对齐。
- 绕当前 UCS 的任意轴旋转当前 UCS。
- 恢复保存的 UCS。

在命令窗口中输入 UCS 命令，依据提示选择选项，可以设置用户坐标系。另外，根据绘图的需要，可以通过【视图】→【三维视图】的级联菜单来选择或设置合适的坐标。坐标系图标在不同的场合有着不同的表示形态，注意图标所指示的坐标轴方向，尤其在三维绘图中更要把握各轴的方向。

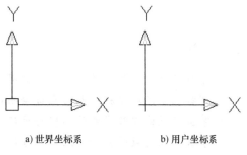

a) 世界坐标系　　　　b) 用户坐标系

图 2-1　世界坐标系和用户坐标系

2.1.2　坐标点的输入方法

AutoCAD 系统中有直角坐标和极坐标两种坐标形式，直角坐标在输入时分为绝对直角坐标方式和相对直角坐标方式，选择极坐标方式输入时也分为绝对极坐标方式和相对极坐标方式，绝对坐标是指相对于当前坐标原点的，而输入坐标以用户已有输入点为参考点的是相对坐标。

1. 绝对直角坐标

绝对直角坐标系即笛卡儿坐标系。在平面绘图中以 x，y 的坐标值来描述点的位置。平面上任何一点 p 都可以由 x 轴和 y 轴的坐标所定义，即用一对坐标值 x，y 来定义一个点，绝对直角坐标是指该点相对于坐标原点的值。例如 "40, 50" 表示该点的 x 坐标为 40，y 坐标为 50，根据提示输入坐标时中间用逗号隔开，不能加括号和引号，坐标值也可以是负值，如图 2-2 所示。

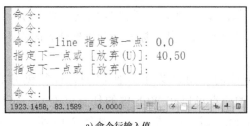

a) 命令行输入值

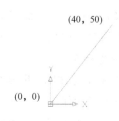

b) 绘制后的效果

图 2-2　绝对直角坐标

2. 相对直角坐标

相对直角坐标是将前一次的操作坐标作为原点。相对直角坐标是在坐标输入值前加@来与绝对直角坐标相区别的。相对直角坐标的形式为"@x，y"。例如利用相对直角坐标绘制一边长为300的正方形，单击工具条中的直线命令后，在命令行的提示下应输入第一点的坐标，用鼠标在绘图区任意点取一点后，命令行提示输入下一点坐标，在命令行输入"@300，0"（将上一点作为坐标原点），单击"确认"键（每一个新坐标命令后都要单击确认键），根据命令行提示下一点坐标再输入"@0，-300"，接着在命令行提示下一点坐标再输入"@-300，0"，根据命令行提示下一点坐标再输入"@0，300"，四次输入后，完成正方形图形绘制，如图2-3a、b所示。

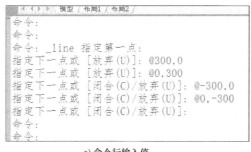

a) 命令行输入值　　　　　　　　　　　　　　b) 绘制后的效果

图2-3　用相对直角坐标绘制正方形

3. 绝对极坐标

极坐标系是由一个极点和一个轴构成的，极轴的方向水平向右。平面上任何一点 p 都可以由该点到极点连线长度 L 和连线与极轴的交角 a（极角，逆时针方向为正）所定义，即用一对坐标值"$L<a$"来表示一个点的位置，其中"<"表示角度，如图2-4所示。例如：某点的坐标为100<45则表示极径为100，幅角 a 为45°，如图2-5所示。

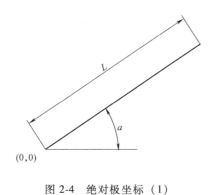

图2-4　绝对极坐标（1）　　　　　　　图2-5　绝对极坐标（2）

4. 相对极坐标

相对极坐标是将前一次的操作坐标作为原点，是坐标值输入值"$L<a$"前加@来与绝对极坐标相区别。相对极坐标的形式为"@$L<a$"，L 为当前参考点到新点的极径，a 为极径与水平坐标轴的幅角值，注意不与前一个参考点的幅角累加。例如相对于100<45点，与极径

为 200、幅角为 30°点之间画一条的线，效果如图 2-6 所示。

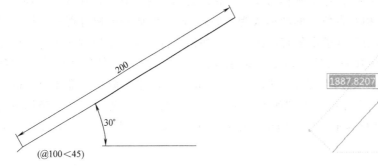

图 2-6　相对极坐标

图 2-7　光标直接输入坐标

5. 光标直接输入坐标

当用户熟练掌握 AutoCAD 的精确绘图及属性编辑等工具后，利用直角坐标和极坐标直接输入的使用频率变低，往往利用光标直接输入坐标的使用频率较高。当需要输入点位置时，直接移动光标到某一位置后，按下鼠标左键，就输入了光标所处位置点的坐标，这种输入方式在图案填充中的选择区域内任意一点都适用。光标直接输入坐标还可以辅助自动捕捉、对象捕捉，达到精确数据绘图目的，如图 2-7 所示。

2.1.3　动态输入

使用动态输入功能时，可以在光标位置处使用命令行。动态输入还显示每个命令的可用选项，引导新用户完成每个步骤，并提醒有经验的用户注意标准命令还有其他可用选项。这种直观的提示方式更能够引起用户的关注，使得人机对话变得流畅。

选择菜单【工具】→【草图设置】或者用右键单击"动态输入"按钮，在弹出的快捷菜单中选择"草图设置"选项，打开"动态输入"对话框如图 2-8 所示。其中"启用指针输入"复选框用于控制是否能够动态输入参考点，即启动绘图命令后的第一点坐标；"指针输入"用于设置第二点及后续点的坐标格式和可见性，默认为相对极坐标；"在十字光标附近显示命令提示和命令输入"复选框用于控制是否在十字光标线附近显示命令提示和命令输入。利用动态输入模式输入坐标时，当输入完

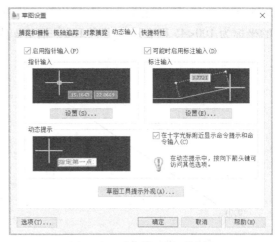

图 2-8　"动态输入"对话框

成一个坐标参数后，按 Tab 键可以切换到另一个坐标参数的输入，按 Enter 键即确定该点的位置。

当用户打开动态输入后，系统默认使用工具输入的第一点为绝对坐标值，第二点及其以

后的点为相对坐标值，当用户需要在第二点或以后的点输入绝对坐标值时，在坐标值前加"#"。

2.2　点的绘制

在点、线、面三种类型图形对象中，点无疑是 AutoCAD 中最基本的组成元素。点可以作为捕捉对象的节点。点的 AutoCAD 功能命令为 POINT（缩略为 PO）。其绘制方法是在提示输入"点"的位置时，直接输入"点"的坐标或者使用鼠标选择"点"的位置即可。

启动 POINT 命令可以通过以下三种方式：

· 打开【绘图】下拉菜单选择命令【点】选项中的【单点】或【多点】命令。

· 单击【绘图】工具栏上的【点】命令图标。

· 在"命令:"行提示下直接输入 POINT 或 PO 命令（不能使用"点"作为命令输入）。

打开【格式】下拉菜单选择【点样式】命令选项，就可以选择点的图案形式和图标的大小。如图 2-9 所示。点的形状和大小也可以由系统变量 PDMODE 和 PDSIZE 控制，其中变量 PDMODE 用于设置点的显示图案形式（如果 PDMODE 的值为 1，则指定不显示任何图形），变量 PDSIZE 则用来控制图标的大小（如果 PDSIZE 设置为 0，将按绘图区域高度的百分之五生成点对象）。正的

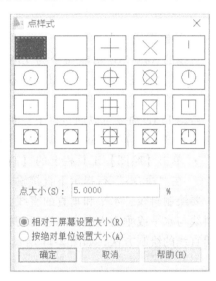

图 2-9　设置点样式

PDSIZE 值指定点图形的绝对尺寸。负值将解释为视口尺寸的百分比。修改 PDMODE 和 PD-SIZE 之后，AutoCAD 下次重新生成图形时改变现有点的外观。重新生成图形时将重新计算所有点的尺寸。进行点绘制操作如下：

命令:POINT(输入画点命令)

当前点模式:PDMODE＝99 PDSIZE＝25.0000(系统变量的 PDMODE、PDSIZE 设置数值)

指定点:使用鼠标在屏幕上直接指定点的位置,或直接输入点的坐标 X,Y,Z 数值

点的功能一般不单独使用，常常在进行线段等分时作为等分标记使用。最好先选择点的样式，要显示其位置最好不使用" "和"."的样式，因为该样式不易看到，操作如下：

命令:DIVIDE(打开【绘图】下拉菜单选择【点】命令选项,再选择"定数等分或定距等分")

选择要定数等分的对象:

输入线段数目或[块(B)]:6

利用点标记等分后效果如图 2-10 所示。

图 2-10 利用点标记等分

2.3 二维线的绘制

2.3.1 直线与多段线的绘制

1. 绘制直线

直线的 AutoCAD 功能命令为 LINE（缩略为 L），绘制直线可通过直接输入端点坐标 (x, y) 或直接在屏幕上使用鼠标点取。可以绘制一系列连续的直线段，但每条直线段都是一个独立的对象，按"ENTER（即回车，后面论述同此）"键结束命令。

启动 LINE 命令可以通过以下三种方式：

· 打开【绘图】下拉菜单选择【直线】命令选项。

· 单击【绘图】工具栏上的【直线】命令图标。

· 在"命令:"行提示下直接输入 LINE 或 L 命令（不能使用"直线"作为命令输入）。

要绘制斜线、水平和垂直的直线，可以结合使用【F8】按键。反复按下【F8】键即可在斜线与水平或垂直方向之间进行切换。下面以在"命令:"直接输入 LINE 或 L 命令为例，说明直线的绘制方法，如图 2-11 所示。

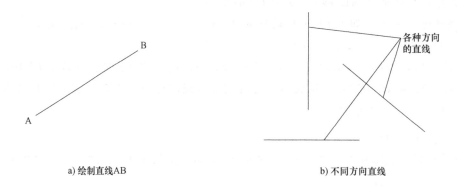

a) 绘制直线AB   b) 不同方向直线

图 2-11 绘制直线

特别说明，在绘制图形时，图形的端点定位一般采用在屏幕上捕捉直接点取其位置，或输入相对坐标数值，通常不直接输入其坐标数值 (x, y) 或 (x, y, z)，因为使用坐标数值比较烦琐。后面论述同此。

命令:LINE(输入绘制直线命令)

指定第一点:175,128(指定直线起点 A 或输入端点坐标)

指定下一点或[放弃(U)]:545,442(按下【F8】后指定直线终点 B 或输入端点坐标 545,442)

指定下一点或[放弃(U)]:(回车)

2. 绘制多段线

多段线的 AutoCAD 功能命令为 PLINE（PLINE 为 Polyline 的简写形式，缩略为 PL），绘制多段线同样可通过直接输入端点坐标（x, y）或直接在屏幕上使用鼠标点取。对于多段线，可以指定线型图案在整条多段线中是位于每条线段的中央，还是连续跨越顶点，可以通过设置 PLINEGEN 系统变量来执行此设置。

启动 PLINE 命令可以通过以下三种方式：

· 打开【绘图】下拉菜单选择【多段线】命令选项。

· 单击【绘图】工具栏上的【多段线】命令图标。

· 在"命令："行提示下直接输入 PLINE 或 PL 命令（不能使用"多段线"作为命令输入）。

绘制时要在斜线、水平和垂直之间进行切换，可以使用【F8】按键。下面以在"命令："直接输入 PLINE 或 PL 命令为例，说明多段线的绘制方法。使用 PLINE 绘制由直线构成的多段线如图 2-12a 所示。

```
命令:PLINE(绘制由直线构成的多段线)
指定起点:13,151(确定起点 A 位置)
当前线宽为 0.0000
指定下一个点或[圆弧(A)/半宽(H)/长度(L)/放弃(U)/宽度(W)]:13,83(依次输入多段线端点 B 的坐标或直接在屏幕上使用鼠标点取)
指定下一点或[圆弧(A)/闭合(C)/半宽(H)/长度(L)/放弃(U)/宽度(W)]:40,83(下一点 C)
指定下一点或[圆弧(A)/闭合(C)/半宽(H)/长度(L)/放弃(U)/宽度(W)]:66,133(下一点 D)
指定下一点或[圆弧(A)/闭合(C)/半宽(H)/长度(L)/放弃(U)/宽度(W)]:82,64(下一点 E)
……
指定下一点或圆弧[(A)/闭合(C)/半宽(H)/长度(L)/放弃(U)/宽度(W)]:(回车结束操作)
```

使用 PLINE 绘制由直线与弧线构成的多段线，如图 2-12b 所示。

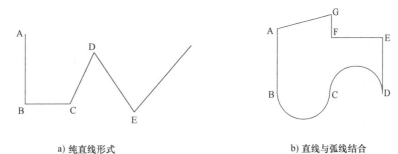

a) 纯直线形式   b) 直线与弧线结合

图 2-12　绘制多段线多段线设置

命令:PLINE(绘制由直线与弧线构成的多段线)

指定起点:7,143(确定起点A位置)

当前线宽为0.0000

指定下一个点或[圆弧(A)/半宽(H)/长度(L)/放弃(U)/宽度(W)]:7,91(输入多段线端点B的坐标或直接在屏幕上使用鼠标点取)

指定下一点或[圆弧(A)/闭合(C)/半宽(H)/长度(L)/放弃(U)/宽度(W)]:A(输入A绘制圆弧段造型)

指定圆弧的端点或[角度(A)/圆心(CE)/闭合(CL)/方向(D)/半宽(H)/直线(L)/半径(R)/第二个点(S)/放弃(U)/宽度(W)]:41,91(指定圆弧的第一个端点C)

指定圆弧的端点或[角度(A)/圆心(CE)/闭合(CL)/方向(D)/半宽(H)/直线(L)/半径(R)/第二个点(S)/放弃(U)/宽度(W)]:73,91(指定圆弧的第二个端点D)

指定圆弧的端点或[角度(A)/圆心(CE)/闭合(CL)/方向(D)/半宽(H)/直线(L)/半径(R)/第二个点(S)/放弃(U)/宽度(W)]:L(输入L切换回绘制直线段造型)

指定下一点或[圆弧(A)/闭合(C)/半宽(H)/长度(L)/放弃(U)/宽度(W)]:73,125(下一点E)

……

指定下一点或[圆弧(A)/闭合(C)/半宽(H)/长度(L)/放弃(U)/宽度(W)]:C(闭合多段线)

2.3.2 射线与构造线绘制

1. 绘制射线

射线指沿着一个方向无限延伸的直线，主要用来定位辅助绘图线。射线具有一个确定的起点并单向无限延伸。其AutoCAD功能命令为RAY，直接在屏幕上使用鼠标点取。

启动RAY命令可以通过以下两种方式：

· 打开【绘图】下拉菜单选择【射线】命令选项。

· 在"命令:"行提示下直接输入RAY命令（不能使用"射线"作为命令输入）。

AutoCAD绘制一条射线并继续提示输入通过点以便创建多条射线。起点和通过点定义了射线延伸的方向，射线在此方向上延伸到显示区域的边界。按ENTER键结束命令。下面以在"命令:"行直接输入RAY命令为例，说明射线的绘制方法，如图2-13所示。

命令:RAY(输入绘射线命令)

指定起点:8,95(指定射线起点A的位置)

指定通过点:62,139(指定射线所通过点的位置B)

指定通过点:112,121(指定射线所通过点的位置C)

……

指定通过点:(回车)

2. 绘制构造线

构造线指两端方向是无限长的直线，主要用来定位辅助绘图线，即用来定位对齐边角点的辅助绘图线。其 AutoCAD 功能命令为 XLINE（缩略为 XL），可直接在屏幕上使用鼠标点取。

启动 XLINE 命令可以通过以下三种方式：

· 打开【绘图】下拉菜单选择【构造线】命令选项。

· 单击【绘图】工具栏上的【构造线】命令图标。

· 在"命令:"行提示下直接输入 XLINE 或 XL 命令（不能使用"构造线"作为命令输入）。使用两个通过点指定构造线（无限长线）的位置。以在"命令:"行直接输入 XLINE 命令为例，说明构造线的绘制方法。

```
命令:XLINE(绘制构造线)
指定点或[水平(H)/垂直(V)/角度(A)/二等分(B)/偏移(O)]:8,95(指定构造直线
起点 A 的位置)
指定通过点:62,139(指定构造直线通过点位置 B)
指定通过点:112,121(指定下一条构造直线通过点位置 C)
指定通过点:(指定下一条构造直线通过点位置)
……
指定通过点:(回车)
```

绘制结果如图 2-14 所示。

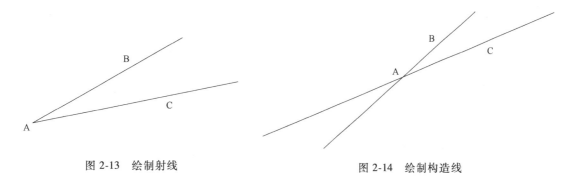

图 2-13　绘制射线　　　　　　　　　　　　　图 2-14　绘制构造线

2.3.3　圆弧线与椭圆弧线绘制

1. 绘制圆弧线

圆弧线可以通过输入端点坐标进行绘制，也可以直接在屏幕上使用鼠标点取。其 Auto-CAD 功能命令为 ARC（缩略为 A）。在进行绘制时，如果未指定点就按 ENTER 键，AutoCAD 将把最后绘制的直线或圆弧的端点作为起点，并立即提示指定新圆弧的端点。这将创建一条与最后绘制的直线、圆弧或多段线相切的圆弧。

启动 ARC 命令可以通过以下三种方式：

· 打开【绘图】下拉菜单选择【圆弧】命令选项。

· 单击【绘图】工具栏上的【圆弧】命令图标。

· 在"命令:"行提示下直接输入 ARC 或 A 命令（不能使用"圆弧"作为命令输入）。

以在"命令:"行直接输入 ARC 命令为例，说明弧线的绘制方法，如图 2-15 所示。

命令:ARC(绘制弧线)指定圆弧的起点或[圆心(C)]:20,102(指定起始点位置A)
指定圆弧的第二个点或[圆心(C)/端点(E)]:61,139(指定中间点位置B)
指定圆弧的端点:113,122(指定终点位置C)。

2. 绘制椭圆弧线

椭圆弧线的 AutoCAD 功能命令为 ELLIPSE（缩略为 EL），与椭圆是一致的，只是在执行 ELLIPSE 命令后再输入 A 进行椭圆弧线绘制。一般根据两个端点定义椭圆弧的第一条轴，第一条轴的角度确定了整个椭圆的角度。第一条轴既可定义椭圆的长轴也可定义短轴。

启动 ELLIPSE 命令可以通过以下三种方式：

· 打开【绘图】下拉菜单选择【椭圆】命令选项，再选择子命令选项【圆弧】。
· 单击【绘图】工具栏上的【椭圆弧】命令图标。
· 在"命令:"行提示下直接输入 ELLIPSE 或 EL 命令后再输入 A（不能使用"椭圆弧"作为命令输入）。

以在"命令:"行直接输入 ELLIPSE 命令为例，说明椭圆弧线的绘制方法，如图 2-16 所示。

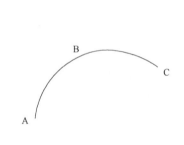

图 2-15　绘制弧线

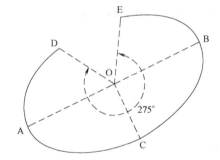

图 2-16　绘制椭圆曲线

命令:ELLIPSE(绘制椭圆曲线)
指定椭圆的轴端点或[圆弧(A)/中心点(C)]:A(输入A绘制椭圆曲线)
指定椭圆弧的轴端点或[中心点(C)]:(指定椭圆轴线端点A)
指定轴的另一个端点:(指定另外一个椭圆轴线端点B)
指定另一条半轴长度或[旋转(R)]:(指定与另外一个椭圆轴线距离OC)
指定起始角度或[参数(P)]:(指定起始角度位置D)
指定终止角度或[参数(P)/包含角度(I)]:(指定终点角度位置E)

2.3.4　样条曲线与多线绘制

1. 绘制样条曲线

样条曲线是一种拟合不同位置点的曲线，其 AutoCAD 功能命令为 SPLINE（缩略为 SPL）。样条曲线与使用 ARC 命令连续绘制的多段曲线时图形不同之处在于：样条曲线是一体的，且曲线光滑流畅，而使用 ARC 命令连续绘制的多段曲线图形则是由几段组成的。

SPLINE 在指定的允差范围内把光滑的曲线拟合成一系列的点。AutoCAD 使用 NURBS（非均匀有理 B 样条曲线）数学方法，其中存储和定义了一类曲线和曲面数据。

启动 SPLINE 命令可以通过以下三种方式：

·打开【绘图】下拉菜单选择【样条曲线】命令选项。

·单击【绘图】工具栏上的【样条曲线】命令图标。

·在"命令:"行提示下直接输入 SPLINE 或 SPL 命令（不能使用"样条曲线"作为命令输入）。

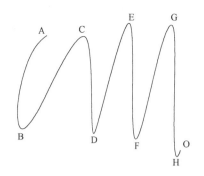

图 2-17　绘制样条曲线

以在"命令:"直接输入 SPLINE 命令为例，说明样条曲线的绘制方法，如图 2-17 所示。

命令:SPLINE(输入绘制样条曲线命令)

指定第一个点或[对象(O)]:(指定样条曲线的第一点 A 或选择对象进行样条曲线转换)

指定下一点:(指定下一点 B 位置)

指定下一点或[闭合(C)/拟合公差(F)]<起点切向>:(指定下一点 C 位置或选择备选项)

指定下一点或[闭合(C)/拟合公差(F)]<起点切向>:(指定下一点 D 位置或选择备选项)

……

指定下一点或[闭合(C)/拟合公差(F)]<起点切向>:(指定下一点 O 位置或选择备选项)

指定起点切向:(回车)

指定端点切向:(回车)

2. 绘制多线

多线也称多重平行线，指由两条相互平行的直线构成的线型。其 AutoCAD 绘制命令为 MLINE（缩略为 ML）。其中的比例因子参数 Scale 是控制多线的全局宽度（这个比例不影响线型比例），该比例基于在多线样式定义中建立的宽度。比例因子为 2 绘制多线时，其宽度是样式定义的宽度的两倍。负比例因子将翻转偏移线的次序，即当从左至右绘制多线时，偏移最小的多线绘制在顶部。负比例因子的绝对值也会影响比例。比例因子为 0 将使多线变为单一的直线。

启动 MLINE 命令可以通过以下三种方式：

·打开【绘图】下拉菜单选择【多线】命令选项。

·单击绘图工具栏上的多线命令图标。

·在"命令"行提示下直接输入 MLINE 或 ML 命令（不能使用"多线"作为命令输入）。

打开【绘图】下拉菜单，选择【多线样式】选项。在弹出的对话框中就可以新建多线形式、修改名称、设置特性和加载新的多线样式等，如图 2-18 所示。

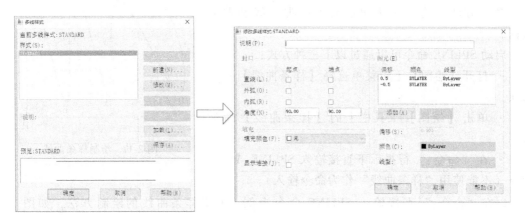

图 2-18　设置多线

以在"命令："行直接输入 MLINE 命令为例，说明多线的绘制方法，如图 2-19 所示。

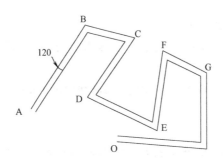

图 2-19　绘制多线

```
命令:MLINE(绘制多线)
当前设置:对正=上,比例=20.00,样式=STANDARD
指定起点或[对正(J)/比例(S)/样式(ST)]:S(输入 S 设置多线宽度)
输入多线比例<20.00>:120(输入多线宽度)
当前设置:对正=上,比例=120.00,样式=STANDARD
指定起点或[对正(J)/比例(S)/样式(ST)]:(指定多线起点位置)
指定下一点:(指定多线下一点位置)
指定下一点或[放弃(U)]:(指定多线下一点位置)
指定下一点或[闭合(C)/放弃(U)]:(指定多线下一点位置)
指定下一点或[闭合(C)/放弃(U)]:(指定多线下一点位置)
指定下一点或[闭合(C)/放弃(U)]:(指定多线下一点位置)
……
指定下一点或[闭合(C)/放弃(U)]:C(回车)
```

2.3.5 云线绘制

云线是指由连续圆弧组成的线条造型。云线的 AutoCAD 命令是 REVCLOUD，REVCLOUD 在系统注册表中存储上一次使用的圆弧长度，当程序和使用不同比例因子的图形一起使用时，用 DIMSCALE 乘以此值以保持统一。

启动"云线"命令可以通过以下三种方式：

·打开【绘图】下拉菜单选择【修订云线】命令选项。

·单击【绘图】工具栏上的【修订云线】命令图标。

·在"命令:"行直接输入 REVCLOUD 命令。

图 2-20 绘制云线

其绘制方法如下所述，结果如图 2-20所示。

```
命令:REVCLOUD(绘制云线)
最小弧长:15
最大弧长:15
样式:普通
指定起点或[弧长(A)/对象(O)]<对象>:A(输入 A 设置云线的大小)
指定最小弧长<15>:10(输入云线最小弧段长度)
指定最大弧长<10>:18(输入云线最大弧段长度)
指定起点或[对象(O)]<对象>:(指定云线起点位置)
沿云线路径引导十字光标:(拖动鼠标进行云线绘制)反转方向[是(Y)/否(N)]<否
>:N
```

修订云线完成（回车完成绘制）。

2.3.6 其他特殊线绘制

AutoCAD 提供了绘制具有宽度的线条功能，可以绘制等宽度和不等宽度的线条。

1. 等宽度的线条

绘制等宽度的线条，可以使用 PLINE、TRACE 命令来实现，具体绘制方法如下所述：

1) 使用 PLINE 命令绘制等宽度的线条如图 2-21 所示。

```
命令:PLINE(使用 PLINE 命令绘制等宽度的线条)
指定起点:(指定等宽度的线条起点 A)
当前线宽为 0.0000
指定下一个点或[圆弧(A)/半宽(H)/长度(L)/放弃(U)/宽度(W)]:W(输入 W 设置线
条宽度)
指定起点宽度<0.0000>:15(输入起点宽度)
```

指定端点宽度<15.0000>:15(输入端点宽度)

指定下一个点或[圆弧(A)/半宽(H)/长度(L)/放弃(U)/宽度(W)]:(依次输入多段线端点坐标或直接在屏幕上使用鼠标点取B)

指定下一点或[圆弧(A)/闭合(C)/半宽(H)/长度(L)/放弃(U)/宽度(W)]:(指定下一点位置C)

指定下一点或[圆弧(A)/闭合(C)/半宽(H)/长度(L)/放弃(U)/宽度(W)]:(指定下一点位置D)

......

指定下一点或[圆弧(A)/闭合(C)/半宽(H)/长度(L)/放弃(U)/宽度(W)]:(指定下一点位置)

指定下一点或[圆弧(A)/闭合(C)/半宽(H)/长度(L)/放弃(U)/宽度(W)]:(回车结束操作)

2）TRACE 命令绘制宽度线。使用 TRACE 命令时，只有下一个线段的终点的位置确定后，上一段的线段才在屏幕上显示出来，如图 2-22 所示。宽线的端点在宽线的中心线上，而且总是被切成矩形。TRACE 自动计算连接到邻近线段的合适倒角。AutoCAD 直到指定下一线段或按 ENTER 键之后才画出每条线段。考虑到倒角的处理方式，TRACE 没有放弃选项。如果"填充"模式打开，则宽线是实心的。如果"填充"模式关闭，则只显示宽线的轮廓。

命令:TRACE(使用 TRACE 绘制等宽度的线条)

指定宽线宽度<1.2000>:8

指定起点:(指定起点位置A)

指定下一点:(指定下一点位置B)

指定下一点:(指定下一点位置C)

......

指定下一点:(回车)

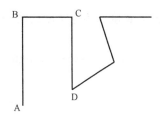

图 2-21　绘制宽度线

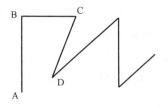

图 2-22　使用 TRACE 命令

2. 不等宽度线条

绘制不等宽度线条可以使用 PLINE 命令来实现，具体绘制方法如下所述，其他不等宽线条按相同方法绘制，如图 2-23 所示。

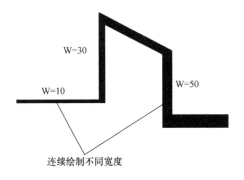

图 2-23　绘制不等宽度线条

命令:PLINE(使用 PLINE 命令绘制不等宽度的线条)

指定起点:(指定等宽度的线条起点A)

当前线宽为 0.0000

指定下一个点或［圆弧(A)/半宽(H)/长度(L)/放弃(U)/宽度(W)］:W(输入 W 设置线条宽度)

指定起点宽度<0.0000>:15(输入起点宽度)

指定端点宽度<15.0000>:3(输入线条宽度与前面不一致)

指定下一个点或［圆弧(A)/半宽(H)/长度(L)/放弃(U)/宽度(W)］:(依次输入多段线端点坐标或直接在屏幕上使用鼠标点取B)

指定下一点或［圆弧(A)/闭合(C)/半宽(H)/长度(L)/放弃(U)/宽度(W)］:W(输入 W 设置线条宽度)

指定起点宽度<3.0000>:5(输入起点宽度)

指定端点宽度<5.0000>:1(输入线条宽度与前面不一致)

指定下一点或［圆弧(A)/闭合(C)/半宽(H)/长度(L)/放弃(U)/宽度(W)］:(指定下一点位置C)

……

指定下一点或［圆弧(A)/闭合(C)/半宽(H)/长度(L)/放弃(U)/宽度(W)］:(指定下一点位置)

指定下一点或［圆弧(A)/闭合(C)/半宽(H)/长度(L)/放弃(U)/宽度(W)］:(回车结束操作)

3. 带箭头的注释引线线条

绘制带箭头的注释引线线条，可以使用 LEADER 命令快速实现，具体绘制方法如下所述，如图 2-24 所示。

ABC

图 2-24　绘制带箭头的注释引线线条绘制

命令：LEADER

指定引线起点：

指定下一点：

指定下一点或[注释(A)/格式(F)/放弃(U)]<注释>：(回车)

指定下一点或[注释(A)/格式(F)/放弃(U)]<注释>：(回车)

输入注释文字的第一行或<选项>：(回车)

输入注释选项[公差(T)/副本(C)/块(B)/无(N)/多行文字(M)]<多行文字>：(回车

输入文字内容"ABC")

2.4　二维平面图形的绘制

AutoCAD 提供了一些可以直接绘制得到的基本平面图形，包括圆形、矩形、椭圆形和正多边形等。

2.4.1　圆形和椭圆形绘制

1. 绘制圆形

经常使用到的 AutoCAD 基本图形是圆形，其 AutoCAD 绘制命令是 CIRCLE（缩略为 C）。启动 CIRCLE 命令可以通过以下三种方式：

- ·打开【绘图】下拉菜单选择【圆形】命令选项。
- ·单击【绘图】工具栏上的【圆形】命令图标。
- ·在"命令："行提示下直接输入 CIRCLE 或 C 命令。

可以通过中心点或圆周上三点中的一点创建圆，还可以选择与圆相切的对象。以在"命令："行直接输入 CIRCLE 命令为例，说明圆形的绘制方法，如图 2-25 所示。

命令：CIRCLE(绘制圆形)

指定圆的圆心或[三点(3P)/两点(2P)/相切、相切、半径(T)]：(指定圆心点位置O)

指定圆的半径或[直径(D)]<20.000>:50(输入圆形半径或在屏幕上直接点取)

2. 绘制椭圆形

椭圆形的 AutoCAD 绘制命令与椭圆曲线是一致的，均是 ELLIPSE（缩略为 EL）命令。启动 ELLIPSE 命令可以通过以下三种方式：

- ·打开【绘图】下拉菜单选择【椭圆形】命令选项。
- ·单击【绘图】工具栏上的【椭圆形】命令图标。
- ·在"命令："行提示下直接输入 ELLIPSE 或 EL 命令。

以在"命令："行直接输入 ELLIPSE 命令为例，说明椭圆形的绘制方法，如图 2-26 所示。

命令：ELLIPSE(绘制椭圆形)

指定椭圆的轴端点或[圆弧(A)/中心点(C)]：(指定一个椭圆形轴线端点A)

指定轴的另一个端点：(指定该椭圆形轴线另一个端点B)

指定另一条半轴长度或[旋转(R)]：(指定与另一条半轴长度OC)

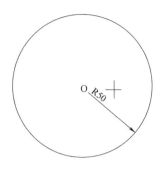

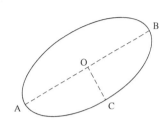

图 2-25 绘制圆形 　　　　　　　　　　　　　图 2-26 绘制椭圆形

2.4.2 矩形和正方形绘制

1. 绘制矩形

矩形是最为常见的基本图形，其 AutoCAD 绘制命令是 RECTANG 或 RECTANGLE（缩略为 REC）。当使用指定的点作为对角点创建矩形时，矩形的边与当前 UCS 的 X 轴或 Y 轴平行。

启动 RECTANG 命令可以通过以下三种方式：

· 打开【绘图】下拉菜单选择【矩形】命令选项。

· 单击【绘图】工具栏上的【矩形】命令图标。

· 在"命令:"行提示下直接输入 RECTANG 或 REC 命令。

使用长和宽创建矩形时，第二个指定点将矩形定位在与第一角点相关的四个位置之一的区域内。

以在"命令:"行直接输入 RECTANG 命令为例，说明矩形的绘制方法，如图 2-27 所示。

```
命令:RECTANG(绘制矩形)
指定第一个角点或[倒角(C)/标高(E)/圆角(F)/厚度(T)/宽度(W)]:
指定另一个角点或[面积(A)/尺寸(D)/旋转(R)]:D(输入 D 指定尺寸)
指定矩形的长度<0.0000>:1500(输入矩形的长度)
指定矩形的宽度<0.0000>:1000(输入矩形的宽度)
指定另一个角点或[面积(A)/尺寸(D)/旋转(R)]:(移动光标以显示矩形可能的四个
位置之一并单击需要的一个位置)
```

2. 绘制正方形

绘制正方形可以使用 AutoCAD 的绘制正多边形的命令 POLYGON 或绘制矩形的命令 RECTANG。启动命令可以通过以下三种方式：

· 打开【绘图】下拉菜单选择【正多边形】或【矩形】命令选项。

· 单击【绘图】工具栏上的【正多边形】或【矩形】命令图标。

· 在"命令:"行提示下直接输入 POLYGON 或 RECTANG 命令。

以在"命令:"行直接输入 POLYGON 或 RECTANG 命令为例，说明等边多边形的绘制方法，如图 2-28 所示。

图 2-27　绘制矩形　　　　　　　　　　　　　图 2-28　绘制正方形

命令:RECTANG(绘制正方形)
指定第一个角点或[倒角(C)/标高(E)/圆角(F)/厚度(T)/宽度(W)]:
指定另一个角点或[面积(A)/尺寸(D)/旋转(R)]:D(输入 D 指定尺寸)
指定矩形的长度<0.0000>:1000(输入正方形的长度)
指定矩形的宽度<0.0000>:1000(输入正方形的宽度)
指定另一个角点或[面积(A)/尺寸(D)/旋转(R)]:(移动光标以显示矩形可能的四个位置之一并单击需要的一个位置)
命令:POLYGON(绘制正方形)
输入边的数目<4>:4(输入正方形边数)
指定正多边形的中心点或[(边 E)]:E(输入 E 绘制正方形)
指定边的第一个端点:(在屏幕上指定边的第一个端点位置)
指定边的第二个端点:50(输入正方形边长长度,若输入"-50",是负值其位置相反)

2.4.3　圆环和螺旋绘制

1. 绘制圆环

圆环是由宽弧线段组成的闭合多段线构成的，具有内径和外径，可以认为是圆形的一种特例。如果指定内径为零，则圆环成为填充圆，其 AutoCAD 功能命令是 DONUT。圆环内的填充图案取决于 FILL 命令的当前设置。启动命令可以通过以下两种方式：

· 打开【绘图】下拉菜单选择【圆环】命令选项。

· 在"命令:"行提示下直接输入 DONUT 命令。

AutoCAD 根据中心点来设置圆环的位置。指定内径和外径之后，AutoCAD 提示用户输入绘制圆环的位置。

以在"命令:"行直接输入 DONUT 命令为例，说明圆环的绘制方法，如图 2-29 所示。

命令:DONUT(绘制圆环)

指定圆环的内径<0.5000>:20(输入圆环内半径)

指定圆环的外径<1.0000>:50(输入圆环外半径)

指定圆环的中心点或<退出>:(在屏幕上点取圆环的中心点位置O)

指定圆环的中心点或<退出>:(指定下一个圆环的中心点位置)

……

指定圆环的中心点或<退出>:(回车)

若先将填充（FILL）命令关闭，再绘制圆环，则圆环以线框显示，如图2-30所示。绘制方法如下：

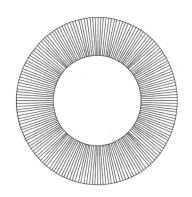

图2-29　绘制圆环　　　　　　　　　　图2-30　圆环以线框显示

1）关闭填充命令。

命令:FILL(填充控制命令)

输入模式[开(ON)/关(OFF)]<开>:OFF(输入 OFF 关闭填充)

2）绘制圆环。

命令:DONUT(绘制圆环)

指定圆环的内径<10.5000>:50(输入圆环内半径)

指定圆环的外径<15.0000>:150(输入圆环外半径)

指定圆环的中心点或<退出>:(在屏幕上点取圆环的中心点位置O)

指定圆环的中心点或<退出>:(指定下一个圆环的中心点位置)

……

指定圆环的中心点或<退出>:(回车)

2. 绘制螺旋

螺旋包括开口的二维或三维螺旋，如图2-31所示（可以通过SWEEP命令将螺旋用作路径。例如，可以沿着螺旋路径来扫掠圆，以创建弹簧实体模型，在此略），其AutoCAD功能命令是HELIX。螺旋是真实螺旋的样条曲线近似，长度值可能不十分准确。

如果指定一个值同时作为底面半径和顶面半径，可创建圆柱形螺旋。默认情况下，顶面半径和底面半径设置的值相同。不能指定 0 来同时作为底面半径和顶面半径。如果指定不同的值作为顶面半径和底面半径，将创建圆锥形螺旋。如果指定的高度值为 0，则将创建扁平的二维螺旋。

启动螺旋命令可以通过以下两种方式：
- 打开【绘图】下拉菜单选择【螺旋】命令选项。
- 在"命令："行直接输入 HELIX 命令。

以在"命令"：行直接输入 HELIX 命令为例，说明二维螺旋的绘制方法，如图 2-32 所示。

```
命令:HELIX(绘制二维螺旋)
圈数=3.0000 扭曲=CCW
指定底面的中心点:
指定底面半径或[直径(D)]<14.3880>:15
指定顶面半径或[直径(D)]<15.0000>:50
指定螺旋高度或[轴端点(A)/圈数(T)/圈高(H)/扭曲(W)]<40>:T(输入 T 设置螺旋圈数)
输入圈数<3.0000>:6
指定螺旋高度或[轴端点(A)/圈数(T)/圈高(H)/扭曲(W)]<40>:H(输入 H 指定的高度值)
指定圈间距<13.4143>:0(指定的高度值为0,则将创建扁平的二维螺旋)
```

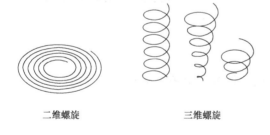

二维螺旋　　　　　　　三维螺旋

图 2-31　二、三维螺旋对比

图 2-32　绘制二维螺旋

2.4.4　正多边形绘制和创建区域覆盖

1. 绘制正多边形

正多边形也称等边多边形，其 AutoCAD 绘制命令是 POLYGON，可以绘制包括正方形、正六边形等图形。当正多边形边数无限大时，其形状逼近圆形。正多边形是一种多段线对象，AutoCAD 以零宽度绘制多段线，并且没有切线信息。可以使用 PEDIT 命令修改这些值。

启动命令可以通过以下三种方式：
- 打开【绘图】下拉菜单选择【正多边形】命令选项。
- 单击【绘图】工具栏上的【正多边形】命令图标。
- 在"命令："行提示下直接输入 POLYGON 命令。

下面以在"命令:"行直接输入 POLYGON 命令为例，说明等边多边形的绘制方法。

1）以内接圆确定等边多边形，如图 2-33 所示。内接于圆是指定外接圆的半径，正多边形的所有顶点都在此圆周上。

> 命令:POLYGON(绘制等边多边形)
> 输入边的数目<4>:6(输入等边多边形的边数)
> 指定正多边形的中心点或[边(E)]:(指定等边多边形中心点位置O)
> 输入选项[内接于圆(I)/外切于圆(C)]<I>:I(输入 I 以内接圆确定等边多边形)
> 指定圆的半径:50(指定内接圆半径)

2）以外切圆确定等边多边形，如图 2-34 所示。外切于圆是指定从正多边形中心点到各边中点的距离。

> 命令:POLYGON(绘制等边多边形)
> 输入边的数目<4>:6(输入等边多边形的边数)
> 指定正多边形的中心点或[边(E)]:(指定等边多边形中心点位置O)
> 输入选项(内接于圆(I)/外切于圆(C))<I>:C(输入 C 以外切圆确定等边多边形)
> 指定圆的半径:50(指定外切圆半径)

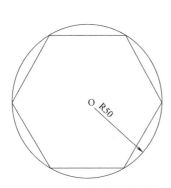

图 2-33　使用内接圆确定

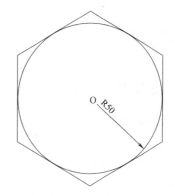

图 2-34　使用外切圆确定

2. 创建区域覆盖图形

使用区域覆盖对象可以在现有对象上生成一个空白区域，用于添加注释或详细的屏蔽信息。区域覆盖对象是一块多边形区域，它可以使用当前背景色屏蔽底层的对象。此区域以区域覆盖线框为边框，可以打开此区域进行编辑，也可以关闭此区域进行打印。通过使用一系列点来指定多边形的区域可以创建区域覆盖对象，也可以将闭合多段线转换成区域覆盖。对象如图 2-35 所示。

创建多边形区域的 AutoCAD 命令是 WIPEOUT。启动命令可以通过以下两种方式，其绘制方法如下所述，如图 2-36 所示。

- 打开【绘图】下拉菜单选择【擦除】命令选项。
- 在"命令:"行直接输入 WIPEOUT 命令。

> 命令:WIPEOUT(创建多边形区域)
> 指定下一点或[边框(F)/多段线(P)]<多段线>(指定多边形区域的起点A位置)

指定下一点：(指定多边形区域下一点B位置)

指定下一点或[放弃(U)]:(指定多边形区域下一点C位置)

指定下一点或[闭合(C)/放弃(U)]:(指定多边形区域下一点D位置)

……

指定下一点或[闭合(C)/放弃(U)]:(回车结束)

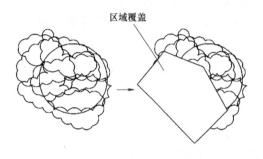

图 2-35　区域覆盖效果

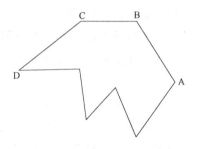

图 2-36　绘制区域覆盖

2.5　图案填充

2.5.1　普通封闭图案的填充

1. 调用命令及操作

菜单【绘图】→【图案填充】或单击绘图工具栏中"图案填充"按钮。也可以在命令行输入命令：BHATCH，出现"图案填充"对话框如图 2-37 所示。

首先是图案填充选项中的类型和图案，其中类型下拉菜单包括预定义、用户定义和自定义三种选择。可以使用 AutoCAD 的支持文件 ACAD.PAT 和 ACADISO.PAT 提供的图案，也可以使用第三方软件商提供的图案，或者使用自己创建的图案。

在 AutoCAD 中，允许使用实心的填充图案。在 AutoCAD 中填充的图案可以与边界具有关联性，即随着边界的更新而更新，也可以与边界没有关联性。在 AutoCAD 生成正式的填充图案之前，可以先预览，并根据需要修改某些选项，以满足使用要求。

图 2-37　"图案填充"对话框

填充图案是独立的图形对象，对填充图案的操作就像对一个对象操作一样。如有必要，可以使用 EXPLODEC（分解）命令将填充图案分解成单独的线条。一旦填充图案被分解成单独的线条，那么填充图案与原边界对象将不再具有关联性。

图案填充随图形保存，因此可以被更新。使用系统变量 FILLMODE 可以控制图案的显示与否。如果将系统变量 FILLMODE 设置成"关"，则不显示填充图案，并在图形重新生成的过程中，只计算填充区域的边界部分。系统变量 FILLMODE 的默认设定值是"开"。

除特殊需要一般均采用预定义现成的图案。单击图案标记右侧按钮或直接单击样例图案，出现图案选择对话框，如图 2-38 所示。

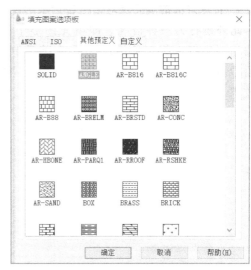

图 2-38 "图案选择"对话框

根据需要可在此选项板中选择所需图案。选择图案后再设定对话框中的角度和比例。所谓角度是指填充图案的角度方向，初始值为 0，比如倾斜 45°的剖面线，如选择角度为 0 则保持原方向不变，如选择 45°则剖面线变的都垂直了，选择 90°则反向倾斜 45°所谓比例是指剖面线间的疏密，初始值是 1，如果调整比例数值加大则网格变宽，小于 1 则变窄。剖面线的填充角度变化如图 2-39 所示。

2. 定义图案填充的边界

当进行图案填充时，首先要做的是确定填充的边界。如果图形的一个区域是由相连的直线、圆或圆弧对象所围成的，则它可用一个填充图案来填充，但在边界对象间不可以有任何空隙。除了直线、圆或圆弧外，边界对象还可以是椭圆、椭圆弧、二维或三维的多义线、三维面或视口等。

3. 三种情况填充

有时可能出现封闭图形内有封闭图形的情况，如图 2-40 所示，有三种填充效果。具体操作方法如下：在图案来填充和渐变色对话框中单击添加选择对象按钮，出现选择对象拾取框后用包围窗口或相交窗口选择全部对象，然后单击鼠标右键选择普通孤岛检测、外部孤岛检测或忽略孤岛检测，如图 2-41 所示，最后单击对话框确定按钮即可。

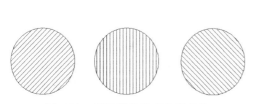

图 2-39 剖面线的填充角度变化

图 2-40 三种情况的填充方式

4. 特殊情况的填充及对话框各选项的设置

此外还有另一种情况，即填充图形中某一部分区域，如图 2-42 所示。利用选择对象按钮，出现选择对象拾取框后选择图中的全部对象后回车，出现填充对话框后再单击拾取点按钮后单击图中阴影区域回车，再单击对话框中的确定按钮即获得图 2-42 中的效果。

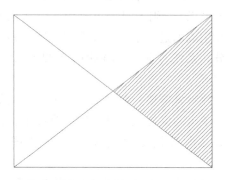

图 2-41　选择对象后单击右键后出现的选择菜单　　　　图 2-42　利用拾取点选取区域后的效果

相对空间复选框：用于决定该比例因子是否为相对于图样空间的比例。

间距文本框：用于设置填充平行线之间的距离，当在"类型"下拉列表框中选择"用户自定义"选项时，该选项才可用。

"ISO 笔宽"下拉列表框：用于设置笔的宽度，当填充图案采用 ISO 图案时，该选项可用。

选择填充区域的方式如下：

1）拾取内部点：直接在闭合的图形最外轮廓线内部单击鼠标左键，选择填充区域。

2）选择对象（S）：通过鼠标依次点取所有图形边界的对象，来选择填充区域。

3）删除边界（B）：是"选择对象"的逆操作，通过鼠标可以依次删除边界对象。

BHATCH 命令可以创建关联或非关联的图案填充，有对话框和命令行两种方式，通常采用对话框方式操作。Hatch 命令只能创建非关联的图案填充，适用于填充非封闭边界的区域，只能在命令行中使用。

关联图案填充与它们的边界相关联，当用户对边界进行编辑后，所填充的图案会自动随边界的变化而改变。非关联图案填充则与它们的边界是否编辑无关。

继承特性按钮：使用选定的图案填充特性对指定的边界进行填充。

预览按钮：单击该按钮，可以预览已设置好的填充效果，方便编辑。单击图形或按 Esc 键返回对话框重新设定，单击鼠标右键或按 Enter 键则接受图案填充。

2.5.2　渐变填充

AutoCAD 中对填充的图案有渐变色效果选项，可以在颜色选项中单击单色复选框中的下拉按钮，出现对话框如图 2-43 所示。根据需要可以选择索引颜色、真色彩、配色系统选项卡进行配色。确定颜色后再在图 2-43 中选择渐变模式（9 个方块中的模式），填充的效果如图 2-44 所示。

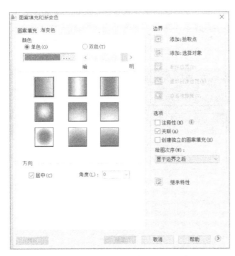
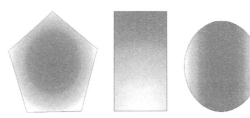

图 2-43 "选择颜色"对话框 　　　　　　　　图 2-44 渐变色填充效果

2.5.3 图案填充编辑

选择已填充的图案并在其上单击右键，在出现的菜单上选择编辑图案填充，如图 2-45 所示。或在菜单中"修改"→"对象"→"图案填充编辑"后出现拾取框，用此拾取框选择要编辑的填充对象后也可出现"图案填充编辑"对话框，如图 2-46 所示。

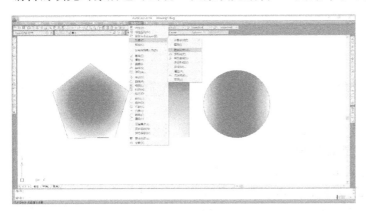

图 2-45 从菜单选择图案填充编辑 　　　　图 2-46 "图案填充编辑"对话框

在"图案填充编辑"对话框中可以方便地对原有的填充图案进行修改，如重新选择图案，改变角度比例，调整边界等。

2.6 本章小结

本章主要介绍使用 AutoCAD 进行建筑电气设计绘图中基本图形绘制的方法和技巧，包括：直线、折线、弧线、曲线等各种线条绘制；圆形和矩形、多边形、图案填充等各种规则和不规则图形绘制；较为复杂图形绘制思路和方法。本章内容是图形绘制的基础，读者应熟练掌握。

Chapter **3**

第3章

二维图形的编辑

【学习目标】
- 了解删除、复制等16种基本编辑命令。
- 掌握多线编辑、特性匹配等图形其他编辑和修改方法。
- 掌握多种图块的制作与使用方法。

3.1 常用的图形编辑与修改方法

3.1.1 删除和复制

1. 删除图形

删除编辑功能的 AutoCAD 命令为 ERASE（缩略为 E）。启动删除命令可以通过以下三种方式：

- 打开【修改】下拉菜单选择【删除】命令选项。
- 单击"修改"工具栏上的"删除"命令图标。

在"命令:"行提示下直接输入 ERASE 或 E 命令。

选择图形对象后，按"Delete"键同样可以删除图形对象，作用与 ERASE 一样。以在"命令:"行直接输入 ERASE 或 E 命令为例，说明删除编辑功能的使用方法，如图 3-1 所示。

命令:ERASE(执行删除编辑功能)

选择对象:找到一个(依次选择要删除的图线)

选择对象:找到一个,总计两个

选择对象:找到一个,总计三个

选择对象:(回车,图形的一部分被删除)

2. 复制图形

要获得相同的图形对象，可以复制生成。复制编辑功能的 AutoCAD 命令为 COPY（缩略为 CO 或 CP）。启动复制命令可以通过以下三种方式：

- 打开【修改】下拉菜单选择【复制】命令选项。

- 单击"修改"工具栏上的"复制"命令图标。
- 在"命令:"行提示下直接输入 COPY 或 CP 命令。

复制编辑操作有两种方式，即只复制一个图形对象和复制多个图形对象。以在"命令:"行直接输入 COPY 或 CP 命令为例，说明复制编辑功能的使用方法，如图 3-2 所示。

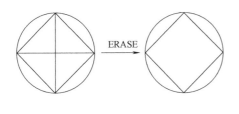

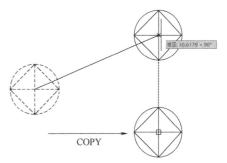

图 3-1　删除编辑功能

图 3-2　复制图形

```
命令:COPY(复制图形对象)
选择对象:找到一个(选择图形)
选择对象:找到一个,总计两个
选择对象:找到一个,总计三个
选择对象:(回车)
当前设置:复制模式=多个
指定基点或[位移(D)/模式(O)]<位移>:(指定复制图形起点位置)
指定第二个点或<使用第一个点作为位移>:(进行复制,指定复制图形复制点位置)
……
指定第二个点或[退出(E)/放弃(U)]<退出>:(回车)
```

3.1.2　镜像和偏移

1. 镜像图形

镜像编辑功能的 AutoCAD 命令为 MIRROR（缩略为 MI）。镜像生成的图形对象与原图形对象呈某种对称关系（如左右对称、上下对称）。启动 MIRROR 命令可以通过以下三种方式：

- 打开【修改】下拉菜单选择【镜像】命令选项。
- 单击"修改"工具栏上的"镜像"命令图标。
- 在"命令:"行提示下直接输入 MIRROR 或 MI 命令。

镜像编辑操作有两种方式，即镜像后将原图形对象删除和镜像后将原图形对象保留。以在"命令:"行直接输入 MIRROR 或 MI 命令为例，说明镜像编辑功能的使用方法，如图 3-3 所示。

```
命令:MIRROR(进行镜像得到一个对称部分)
选择对象:找到 6 个(选择图形)
选择对象:(回车)
```

指定镜像线的第一点：(指定镜像第一点位置)

指定镜像线的第二点：(指定镜像第二点位置)

要删除源对象吗？〔是(Y)/否(N)〕<N>:N(输入 N 保留原有图形,输入 Y 删除原有图形)

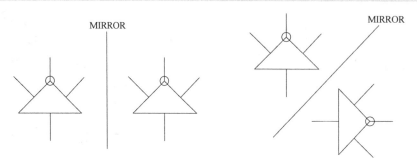

图 3-3　不同方向镜像图形

2. 偏移图形

偏移编辑功能主要用来创建平行的图形对象,其命令为 OFFSET（缩略为 O）。启动 OFFSET 命令可以通过以下三种方式：

- 打开【修改】下拉菜单选择【偏移】命令选项。
- 单击"修改"工具栏上的"偏移命令"图标。
- 在"命令:"行提示下直接输入 OFFSET 或 O 命令。

以在"命令:"行直接输入 OFFSET 或 O 命令为例,说明偏移编辑功能的使用方法,如图3-4所示。在进行偏移编辑操作时,若输入的偏移距离或指定通过点位置过大,则得到的图形将有所变化,如图 3-5 所示。

命令:OFFSET(偏移生成形状相似的图形)

当前设置:删除源=图层,图层=源,OFFSETGAPTYPE=0

指定偏移距离或〔通过(T)/删除(E)/图层(L)〕<0.0000>:100(输入偏移距离或指定通过点位置)

选择要偏移的对象或〔退出(E)/放弃(U)〕<退出>:(选择要偏移的图形)

指定要偏移的那一侧上的点或〔退出(E)/多个(M)/放弃(U)〕<退出>:(指定偏移方向位置)

选择要偏移的对象或〔退出(E)/放弃(U)〕<退出>:(回车结束)

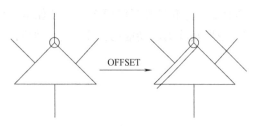

图 3-4　偏移编辑功能

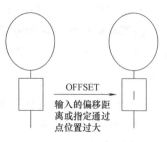

图 3-5　偏移后图形改变

3.1.3 阵列与移动

1. 阵列图形

利用阵列编辑功能可以快速生成多个图形对象，其 AutoCAD 的命令为 ARRAY（缩略为 AR）命令。启动 ARRAY 命令可以通过以下三种方式：

- 打开【修改】下拉菜单选择【阵列】命令选项。
- 单击"修改"工具栏上的"阵列"命令图标。
- 在"命令:"命令行提示下直接输入 ARRAY 或 AR 命令。

执行 ARRAY 命令后，AutoCAD 弹出阵列对话框，在阵列对话框中设置的参数包括选择阵列对象、阵列个数、阵列方式等，可以按矩形阵列图形对象或按圆周阵列图形对象，如图 3-6 所示。

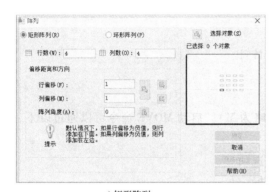
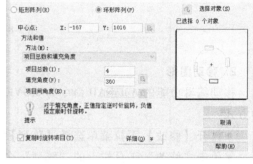

a) 矩形阵列　　　　　　　　　　　　　　　　b) 环形阵列

图 3-6　阵列对话框

以在"命令:"行直接输入 ARRAY 或 AR 命令为例，说明阵列编辑功能的使用方法：

1）进行矩形阵列。

命令：ARRAY 执行后，弹出阵列对话框，选择矩形阵列，选择图形、设置相关的参数，包括行数、列数等，然后单击确定按钮，如图 3-7 所示。

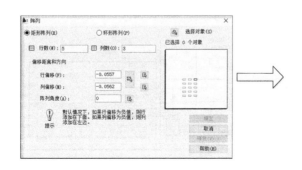
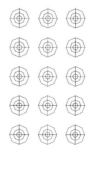

图 3-7　矩形阵列

2）进行圆周阵列。

命令：ARRAY 执行后，弹出阵列对话框，选择环形阵列，选择图形、设置相关的参数，包括中心点位置、项目总数等，然后单击确定按钮，如图 3-8 所示。

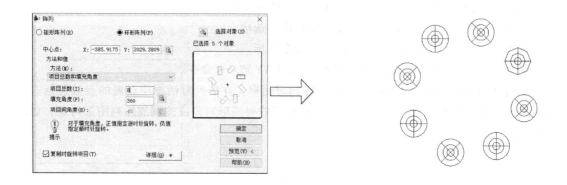

图 3-8　环形阵列

2. 移动图形

移动编辑功能的 AutoCAD 命令为 MOVE（缩略为 M）。启动 MOVE 命令可以通过以下三种方式：

- 打开【修改】下拉菜单选择【阵列】命令选项。
- 单击"修改"工具栏上的"阵列"命令图标。
- 在"命令："行提示下直接输入 MOVE 或 M 命令。

以在"命令："行直接输入 MOVE 或 M 命令为例，说明移动编辑功能的使用方法，如图 3-9 所示。

命令：MOVE (移动命令)

选择对象：指定对角点：找到 4 个 (选择对象)

选择对象：(回车)

指定基点或 [位移 (D)] <位移>：(指定移动基点位置)

指定第二个点或 <使用第一个点作为位移>：(指定移动位置)

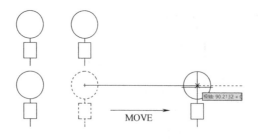

图 3-9　移动编辑功能

3.1.4 旋转与拉伸

1. 旋转图形

旋转编辑功能的 AutoCAD 命令为 ROTATE（缩略为 RO）。启动 ROTATE 命令可以通过以下三种方式：

- 打开【修改】下拉菜单选择【旋转】命令选项。
- 单击"修改"工具栏上的"旋转"命令图标。
- 在"命令:"行提示下直接输入 ROTATE 或 RO 命令。

输入旋转角度若为正值（+），则对象逆时针旋转。输入旋转角度若为负值（−），则对象顺时针旋转。以在"命令:"行直接输入 ROTATE 或 RO 命令为例，说明旋转编辑功能的使用方法，如图3-10所示。

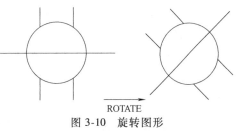

图 3-10　旋转图形

```
命令:ROTATE(将图形对象进行旋转)
UCS当前的正角方向:ANGDIR=逆时针,ANGBASE=0
选择对象:找到一个(选择图形)
选择对象:(回车)
指定基点:(指定旋转基点)
指定旋转角度或[复制(C)/参照(R)]<0>:60(输入旋转角度为负值按顺时针旋转,若
输入为正值则按逆时针旋转)
```

2. 拉伸图形

拉伸编辑功能的 AutoCAD 命令为 STRETCH（缩略为 S），如图 3-11 所示。启动 STRETCH 命令可以通过以下三种方式：

- 打开【修改】下拉菜单选择【拉伸】命令选项。
- 单击"修改"工具栏上的"拉伸"命令图标。
- 在"命令:"行提示下直接输入 STRETCH 或 S 命令。

```
命令:STRETCH(将图形对象进行拉伸)
以交叉窗口或交叉多边形选择要拉伸的对象
选择对象:指定对角点:找到一个(以穿越方式选择图形)
选择对象:(回车)
指定基点或[位移(D)]<位移>:(指定拉伸基点)
指定第二个点或<使用第一个点作为位移>:(指定拉伸位置点)
```

3.1.5 分解与打断

1. 分解图形

AutoCAD 提供了将图形对象分解的功能命令 EXPLODE（缩略为 X）。EXPLODE 命令可以将多段线、多行线、图块、填充图案和标注尺寸等从创建时的状态转换或分解为独立的对象。在许多图形无法编辑修改的情况下，可以试一试分解命令，或许会有帮助。但图形分解保存后退出文件不能复原。

启动 EXPLODE 命令可以通过以下三种方式：

图 3-11　拉伸图形

• 打开【修改】下拉菜单选择【分解】命令选项。

• 单击"修改"工具栏上的"分解"命令图标。

• 在"命令："行提示下输入 EXPLODE 或 X 并回车。

按上述方法激活 EXPLODE 命令后，AutoCAD 操作提示如下，如图 3-12 所示。

命令:EXPLODE

选择对象:指定对角点:找到一个(选择多段线)

选择对象:(选择要分解的多段线对象,回车后选中的多段线对象将被分解成多个直线段)

2. 打断图形

打断编辑功能的 AutoCAD 命令为 BREAK（缩略为 BR），如图 3-13 所示。启动 BREAK 命令可以通过以下三种方式：

• 打开【修改】下拉菜单选择【打断】命令选项。

• 单击"修改"工具栏上的"打断"命令图标。

• 在"命令："行提示下直接输入 BREAK 或 BR 命令。

命令:BREAK(将图形对象打断)

选择对象:(选择对象)

指定第二个打断点或[第一点(F)]:(指定第二点位置)

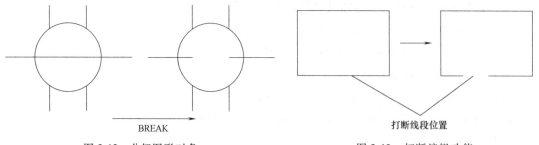

图 3-12　分解图形对象　　　　　图 3-13　打断编辑功能

3.1.6　修剪与延伸

1. 修剪图形

剪切编辑功能的 AutoCAD 命令为 TRIM（缩略为 TR）。启动 TRIM 命令可以通过以下三种方式：

• 打开【修改】下拉菜单选择【修剪】命令选项。

•单击"修改"工具栏上的"修剪"命令图标。

•在"命令:"行提示下直接输入 TRIM 或 TR 命令。

以在"命令:"行直接输入 TRIM 或 TR 命令为例,说明修剪编辑功能的使用方法,如图 3-14 所示。

命令:TRIM(对图形对象进行修剪)

当前设置:投影=UCS,边=无

选择剪切边

选择对象或<全部选择>:找到一个(选择修剪边界)

选择对象:(回车)

选择要修剪的对象,或按住 Shift 键选择要延伸的对象,或[栏选(F)/窗交/投影(P)/边(E)/删除(R)/放弃(U)]:(选择修剪对象)

选择要修剪的对象,或按住 Shift 键选择要延伸的对象,或[栏选(F)/窗交/投影(P)/边(E)/删除(R)/放弃(U)]:(回车)

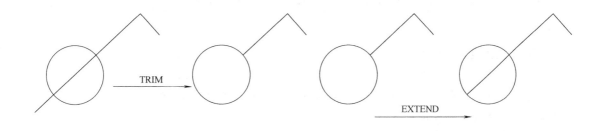

图 3-14 修剪图形   图 3-15 延伸图形

2. 延伸图形

延伸编辑功能的 AutoCAD 命令为 EXTEND(缩略为 EX)。启动 EXTEND 命令可以通过以下三种方式:

•打开【修改】下拉菜单选择【延伸】命令选项。

•单击"修改"工具栏上的"延伸"命令图标。

•在"命令:"行提示下直接输入 EXTEND 或 EX 命令。

以在"命令:"行直接输入 EXTEND 或 EX 命令为例,说明延伸编辑功能的使用方法,如图 3-15 所示。

命令:EXTEND(对图形对象进行延伸)

当前设置:投影=UCS,边=无

选择边界的边

选择对象或<全部选择>:找到一个(选择延伸边界)

选择对象:(回车)

选择要延伸的对象,或按住 Shift 键选择要修剪的对象,或[栏选(F)/窗交/投影 (P)/边(E)/删除(R)/放弃(U)]:(选择延伸对象)

选择要延伸的对象,或按住 Shift 键选择要修剪的对象,或[栏选(F)/窗交/投影 (P)/边(E)/删除(R)/放弃(U)]:(回车)

3.1.7 倒角与圆角

1. 图形倒角

倒角编辑功能的 AutoCAD 命令为 CHAMFER(缩略为 CHA)。启动该命令可以通过以下三种方式:

- 打开【修改】下拉菜单选择【倒角】命令选项。
- 单击"修改"工具栏上的"倒角"命令图标。
- 在"命令:"行提示下直接输入 CHAMFER 或 CHA 命令。

以在"命令:"行直接输入 CHAMFER 或 CHA 命令为例,说明倒角编辑功能的使用方法,如图 3-16 所示。若倒角距离太大或过小,则不能进行倒角编辑操作。当两条线段还没有相遇在一起,设置倒角距离为 0,则执行倒角编辑后将延伸直至二者重合。如图 3-17 所示。

命令:CHAMFER(对图形对象进行倒角)

("修剪"模式)当前倒角距离 1=0.0000,倒角距离 2=0.0000

选择第一条直线或[放弃(U)/多段线(P)/距离(D)/角度(A)/修剪(T)/方式(E)/多个(M)]:D(输入 D 设置倒角距离)

指定第一个倒角距离<0.0000>:500(输入第一个距离)

指定第二个倒角距离<0.0000>:500(输入第二个距离)

选择第一条直线或[放弃(U)/多段线(P)/距离(D)/角度(A)/修剪(T)/方式(E)/多个(M)]:(选择第一条倒角对象边界)

选择第二条直线或按住 Shift 键选择要应用角点的直线:(选择第二条倒角对象边界)

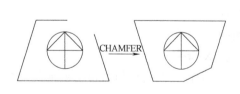

图 3-16　图形倒角　　　　　　　　　图 3-17　不同倒角距离

2. 图形圆角

圆角编辑功能的 AutoCAD 命令为 FILLET(缩略为 F)。启动 FILLET 命令可以通过以下三种方式:

- 打开【修改】下拉菜单选择【圆角】命令选项。

- 单击"修改"工具栏上的"圆角"命令图标。
- 在"命令:"行提示下直接输入 FILLET 或 F 命令。

以在"命令:"行直接输入 FILLET 或 F 命令为例,说明圆角编辑功能的使用方法,如图 3-18 所示。若圆角半径大小太大或过小,则不能进行圆角编辑操作。当两条线段还没有相遇在一起,设置半径为 0,执行圆角编辑后将延伸直至二者重合。如图 3-19 所示。

```
命令:FILLET(对图形对象进行圆角操作)
当前设置:模式=修剪,半径=0.0000
选择第一个对象或[放弃(U)/多段线(P)/半径(R)/修剪(T)/多个(M)]:R(输入 R 设置圆角半径大小)
指定圆角半径<0.0000>:900(输入半径大小)
选择第一个对象或[放弃(U)/多段线(P)/半径(R)/修剪(T)/多个(M)]:(选择第一条圆角对象边界)
选择第二个对象或按住 Shift 键选择要应用角点的对象:(选择第二条圆角对象边界)
```

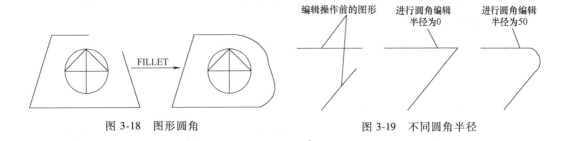

图 3-18 图形圆角   图 3-19 不同圆角半径

3.1.8 缩放和拉长

放大与缩小(即缩放)编辑功能的 AutoCAD 命令均为 SCALE(缩略为 SC)。启动 SCALE 命令可以通过以下三种方式:

- 打开【修改】下拉菜单选择【缩放】命令选项。
- 单击"修改"工具栏上的"缩放"命令图标。
- 在"命令:"行提示下直接输入 SCALE 或 SC 命令。

所有图形在同一操作下是等比例进行缩放的。输入缩放比例小于 1,则对象被缩小相应倍数。输入缩放比例大于 1,则对象被放大相应倍数。以在"命令:"行直接输入 SCALE 或 SC 命令为例,说明缩放编辑功能的使用方法,如图 3-20 所示。

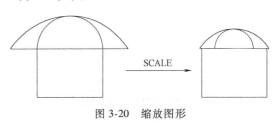

图 3-20 缩放图形

```
命令:SCALE(等比例缩放)
选择对象:找到一个(选择图形)
选择对象:(回车)
指定基点:(指定缩放基点)
指定比例因子或[复制(C)/参照(R)]<1.5000>:2(输入缩放比例)
```

拉长编辑功能的 AutoCAD 命令均为 LENGTHENC（缩略为 LEN），可以将更改指定为百分比、增量、最终长度或角度，使用 LENGTHEN 即使用 TRIM 和 EXTEND 其中之一。启动 SCALE 命令可以通过以下三种方式：

- 打开【修改】下拉菜单选择【拉长】命令选项。
- 单击"修改"工具栏上的"拉长"命令图标。
- 在"命令:"行提示下直接输入 LENGTHEN 或 LEN 命令。

所有图形输入数值小于 1，则对象被相应缩短。输入数值大于 1，则对象被拉长相应倍数。以在"命令:"行直接输入 LENGTHEN 或 LEN 命令为例，说明拉长编辑功能的使用方法，如图 3-21 所示。

图 3-21　拉长图形

```
命令:LENGTHEN(拉长图形)
选择对象或[增量(DE)/百分数(P)/全部(T)/动态(DY)]:P(指定为百分比)
输入长度百分数<0.0000>:200
选择要修改的对象或[放弃(U)]:(选择要修改的图形)
选择要修改的对象或[放弃(U)]:
……
选择要修改的对象或[放弃(U)]:(回车)
```

另外，单击方向与拉长或缩短方向有关，单击线段一端则向该端方向拉长或缩短，如图 3-22 所示。

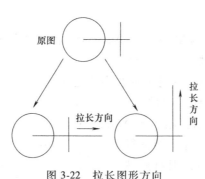

图 3-22　拉长图形方向

3.2　特殊的图形编辑和修改方法

除了复制、偏移、移动和修剪等基本编辑修改功能外，AutoCAD 还提供了一些特殊的图形编辑与修改方法，包括多段线和样条曲线的编辑、取消和恢复操作步骤、对象属性的编辑等。

3.2.1　取消和恢复操作

在绘制或编辑图形时，常常会遇到错误或不合适的操作要取消或者想返回到前面的操作步骤状态中。AutoCAD 提供了几个相关的功能命令，可以实现该绘图操作要求。

1. 逐步取消操作（U）

U 命令的功能是取消前一步命令操作及其所产生的结果，同时显示该次操作命令的名称。启动 U 命令可以通过以下四种方式：

● 打开【编辑】下拉菜单选择【放弃（U）＊＊＊】命令选项，其中"＊＊＊"代表前一步操作功能命令。

● 单击"标准"工具栏上的"放弃"命令图标。

● 在"命令:"行提示下直接输入 U 命令。

● 使用快捷键【Ctrl】+【Z】。

按上述方法执行 U 命令后即可取消前一步命令操作及其所产生的结果，若继续按【Enter】键，则会逐步返回到操作刚打开（开始）时的图形状态。以在"命令:"行直接输入 U 命令为例，说明 U 命令编辑功能的使用方法，如图 3-23 所示。

```
命令:U
RECTANG
```

2. 限次取消操作（UNDO）

UNDO 命令的功能与 U 基本相同，主要区别在于 UNDO 命令可以取消指定数量的前面一组命令操作及其所产生的结果，同时也显示有关操作命令的名称。启动 UNDO 命令可以通过在"命令:"行提示下直接输入 UNDO 命令。

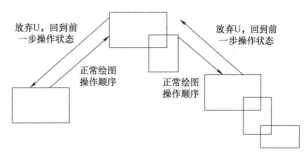

图 3-23　U 命令编辑功能

```
命令:UNDO
当前设置:自动=开,控制=全部,合并=是,图层=是
输入要放弃的操作数目或[自动(A)/控制(C)/开始(BE)/结束(E)/标记(M)/后退
(B)]<1>:2
GROUP ERASE
```

3. 恢复操作（REDO）

REDO 命令允许恢复上一个 U 或 UNDO 所做的取消操作。要恢复上一个 U 或 UNDO 所做的取消操作，必须在该取消操作进行后立即执行，即 REDO 必须在 U 或 UNDO 命令后立即执行。

启动 REDO 命令可以通过以下四种方式：

● 打开【编辑】下拉菜单选择【重做（R）＊＊＊】命令选项，其中"＊＊＊"代表前一步取消的操作功能命令。

● 单击"标准"工具栏上的"重做"命令图标。

● 在"命令:"行提示下直接输入 REDO 命令。

● 使用快捷键【Ctrl】+【Y】。

3.2.2 对象特性的编辑和特性匹配

1. 编辑对象特性

对象特性是指图形对象所具有的全部特点和特征参数，包括颜色、线型、尺寸大小、角度、质量和重心等一系列性质。属性编辑功能的 AutoCAD 命令为 PROPERTIES（缩略为 PROPS）。启动 PROPERTIES 命令可以通过以下五种方式。

- 打开【修改】下拉菜单选择【特性】命令选项。
- 单击"修改"工具栏上的"特性"命令图标。
- 在"命令:"行提示下直接输入 PROPERTIES 命令。
- 使用快捷键【Ctrl】+【1】。
- 选择图形对象后单击鼠标右键，在屏幕上弹出的快捷菜单中选择特性（Properties）命令选项。

按上述方法执行属性编辑功能命令后，AutoCAD 将弹出 Properties 对话框，如图 3-24 所示。在该对话框中，可以单击要修改的属性参数所在行的右侧直接进行修改，或在出现的一个下拉菜单中选择需要的参数，如图 3-25 所示。可以修改的参数包括颜色、图层、线型、线型比例、线宽、坐标和长度、角度等各项相关指标。

图 3-24　Properties 对话框

图 3-25　修改参数

2. 特性匹配

特性匹配是指将所选图形对象的属性复制到另外一个图形对象上，使其具有相同的某些参数特征。特性匹配编辑功能的 AutoCAD 命令为 MATCHPROP（缩略为 MA）。启动 MATCHPROP 命令可以通过以下三种方式：

- 打开【修改】下拉菜单选择【特性匹配】命令选项。
- 单击"标准"工具栏上的"特性匹配"命令图标。
- 在"命令:"行提示下直接输入 MATCHPROP 命令。

执行该命令后，光标变为一个刷子形状，使用该刷子即可进行特性匹配。下面以在"命令:"

行直接输入MATCHPROP命令为例，说明特性匹配编辑功能的使用方法，如图3-26所示。

命令:MATCHPROP(特性匹配)

当前活动设置:颜色、图层、线型、线型比例、线宽、厚度、打印样式、文字、标注、填充图案

选择目标对象或[设置(S)]:(使用该刷子选择源特性匹配图形对象)

选择目标对象或[设置(S)]:(使用该刷子即可进行特性匹配)

……

选择目标对象或[设置(S)]:(回车)

3.2.3 多段线和样条曲线的编辑

多段线和样条曲线编辑修改，需使用专用编辑命令。

1. 多段线编辑修改

多段线专用编辑命令是PEDIT，启动该命令可以通过以下四种方式：

- 打开【修改】下拉菜单中的【对象】子菜单，选择其中的【多段线】命令。
- 单击"修改Ⅱ"工具栏上的"编辑多段线"按钮。
- 在"命令:"行提示下直接输入命令PEDIT。
- 用鼠标选择多段线后，在绘图区域内单击鼠标右键，然后在弹出的快捷菜单上选择多段线命令。

下面以在"命令:"行直接输入PEDIT命令为例，说明特性匹配编辑功能的使用方法，如图3-27所示。

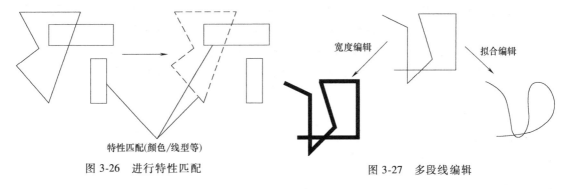

图3-26 进行特性匹配   图3-27 多段线编辑

命令:PEDIT(输入编辑命令)

选择多段线或[多条(M)]:(选择多段线)

输入选项[闭合(C)/合并(J)/宽度(W)/编辑顶点(E)/拟合(F)样条曲线(S)/非曲线化(D)/线型生成(L)/反转(R)/放弃(U)]:W(输入W编辑宽度)

指定所有线段的新宽度:150(输入宽度)

输入选项[闭合(C)/合并(J)/宽度(W)/编辑顶点(E)/拟合(F)样条曲线(S)/非曲线化(D)/线型生成(L)/反转(R)/放弃(U)]:(回车)

2. 样条曲线编辑修改

样条曲线编辑修改的专用编辑命令是SPLINEDIT，启动该命令可以通过以下四种方式。

- 打开【修改】下拉菜单中的【对象】子菜单，选择其中的【样条曲线】命令。

● 单击"修改 II"工具栏上的"编辑样条曲线"按钮。

● 在"命令:"行提示下输入命令 SPLINEDIT。

● 用鼠标选择样条曲线后，在绘图区域内单击鼠标右键，然后在弹出的快捷菜单上选择样条曲线命令。

下面以在"命令:"行直接输入 SPLINEDIT 命令为例，说明样条曲线的编辑修改方法，如图 3-28 所示。

> 命令:SPLINEDIT(编辑样条曲线)
>
> 选择样条曲线:(选择样条曲线图形)
>
> 输入选项[拟合数据(F)/闭合(C)/移动顶点(M)/优化(R)/反转(E)/转换为多段线(P)/放弃(U)]:P(输入 P 转换为多段线)
>
> 指定精度<99>:0

3.2.4 多线的编辑

多线专用编辑命令是 MLEDIT，启动 MLEDIT 编辑命令可以通过以下两种方式：

● 打开【修改】下拉菜单中的【对象】子菜单，选择其中的【多线】命令。

● 在"命令:"行提示下输入命令 MLEDIT。

图 3-28　样条曲线编辑

按上述方法执行 MLEDIT 编辑命令后，AutoCAD 弹出一个多线编辑工具对话框，如图 3-29 所示。若单击其中的一个图标，则表示使用该种方式进行多行线编辑操作。

下面以在"命令:"行直接输入 MLEDIT 命令为例，说明多行线的编辑修改方法。

1）十字交叉多线编辑：单击对话框中的十字打开图标，如图 3-30 所示。

> 命令:MLEDIT
>
> 选择第一条多线:
>
> 选择第二条多线:
>
> 选择第一条多线或[放弃(U)]:

图 3-29　多线编辑工具

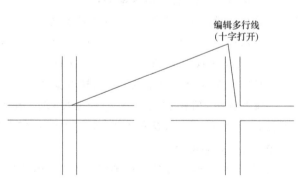

图 3-30　十字交叉多线编辑

2）T型交叉多行线编辑：单击对话框中的T型闭合图标，如图3-31所示。

命令:MLEDIT

选择第一条多线:

选择第二条多线:

选择第一条多线或[放弃(U)]:

3）多线的角点和顶点编辑：单击对话框中的角点结合图标，如图3-32所示。

命令:MLEDIT

选择第一条多线:

选择第二条多线:

选择第一条多线或[放弃(U)]:

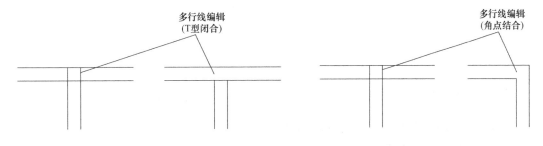

图 3-31　T型交叉多行线编辑　　　　　　图 3-32　多线的角点和顶点编辑

3.2.5　图案的填充与编辑方法

图案的填充功能是指某种有规律的图案填充到其他图形整个或局部区域中，所使用的填充图案一般为AutoCAD系统提供，也可以建立新的填充图案，如图3-33所示。图案主要用来区分工程的部件或表现组成对象的材质，可以使用预定义的填充图案，用当前的线型定义简单直线图案，或者创建更加复

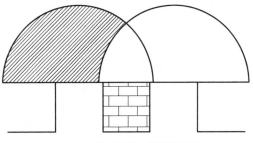

图 3-33　填充图案（阴影部分）

杂的填充图案。图案的填充功能AutoCAD命令包括BHATCH和HATCH，二者功能相同。

1. 图案填充功能

使用图案填充功能命令可以通过以下三种方式：

- 打开【绘图】下拉菜单中的【图案填充】命令。
- 单击"绘图"工具栏上的"图案填充"按钮。
- 在"命令:"行提示下输入命令HATCH或BHATCH。

按上述方法执行"图案填充"命令后，AutoCAD弹出一个"图案填充和渐变色"对话框，如图3-34所示，在该对话框可以进行定义边界、图案类型、图案比例、图案角度和图案特性以及定制填充图案等参数设置操作。使用该对话框就可实现对图形进行操作。下面结合图3-35所示的具体例子，说明有关参数设置和使用方法。

在进行填充操作时，填充区域的边界必须是封闭的，否则不能进行填充或填充结果错误。

下面以在"命令："行直接输入 BHATCH 命令，说明对图形区域进行图案填充的方法如图 3-35 所示图形为例。

图 3-34 "图案填充和渐变色"对话框

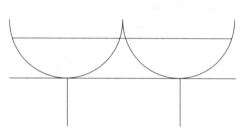

图 3-35 进行填充的图形边界

1）在"命令："行提示下输入命令 BHATCH。

2）在"图案填充和渐变色"对话框中选择图案填充选项，再在类型与图案栏下，单击图案右侧的三角图标选择填充图形的名称，或单击右侧的省略号（...）图标，弹出"填充图案选项板"对话框，根据图形的直观效果选择要填充图案类型，单击确定，如图 3-36 所示。

3）返回前一步"图案填充和渐变色"对话框，单击右上角边界栏下"添加：拾取点"或"添加：选择对象"图标，AutoCAD 将切换到图形屏幕中，在屏幕上选取图形内部任一位置点或选择图形，该图形边界线将变为虚线，表示该区域已选中，然后按下"确定"键返回对话框，如图 3-37 所示。也可以逐个选择图形对象的边，如图 3-38 所示。

图 3-36 选择填充图形

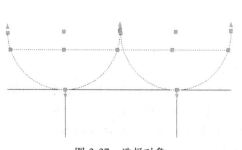

图 3-37 选择对象

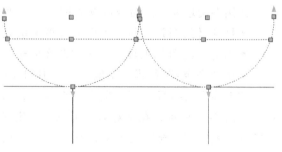

图 3-38 选取图形边界线

4）接着在"图案填充和渐变色"对话框中，在角度和参数栏下，设置比例、角度等参数，以此控制所填充的图案的密度大小以及与水平方向的倾角大小，如图 3-39 所示。

图 3-39　设置参数

5）设置关联特性参数。在对话框选项栏下，勾选关联或不关联，如图 3-40 所示。关联或不关联是指所填充的图案与图形边界线的相互关系的一种特性。若拉伸边界线时，所填充的图形随之紧密变化，则属于关联；反之为不关联，如图 3-41 所示。

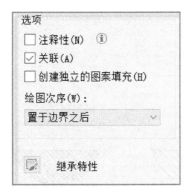

图 3-40　设置关联特性

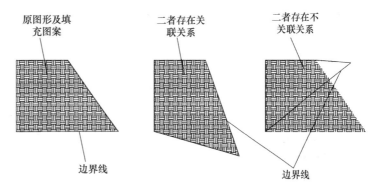

图 3-41　关联的作用

6）单击"确定"确认进行填充，完成填充操作，如图 3-42 所示。对两个或多个相交图形的区域，无论其复杂程度如何，均可以使用与上述一样的方法，直接使用鼠标选取要填充图案的区域即可，其他参数设置完全一样，如图 3-43 所示。若填充区域内有文字时，选择该区域进行图案填充，所填充的图案并不穿越文字，文字仍清晰可见；也可以使用"选择对象"分别选取边界线和文字，其图案填充是效果一致，如图 3-44 所示。

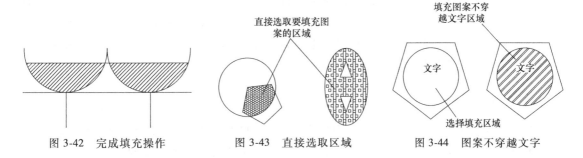

图 3-42　完成填充操作　　　图 3-43　直接选取区域　　　图 3-44　图案不穿越文字

2. 编辑图案填充

编辑图案填充的功能是指修改填充图案的一些特性，包括造型、比例、角度和颜色等。其 AutoCAD 命令为 HATCHEDIT。启动 HATCHEDIT 编辑命令可以通过以下三种方式：

- 打开【修改】下拉菜单中的【对象】命令选项，在子菜单中选择【图案填充】命令。
- 单击"修改Ⅱ"工具栏上的"编辑图案填充"按钮。

•在"命令:"行提示下输入命令 HATCHEDIT。

按上述方法执行 HATCHEDIT 编辑命令后，AutoCAD 要求选择要编辑的填充图案，然后弹出一个对话框，如图 3-45 所示。在该对话框可以进行定义边界、图案类型、图案比例、图案角度和图案特性以及定制填充图案等，其操作方法与进行填充图案的操作相同。填充图案经过编辑后，如图 3-46 所示。

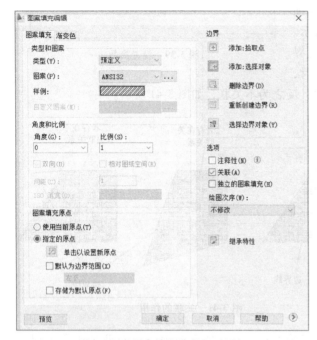

图 3-45 "图案填充编辑"对话框

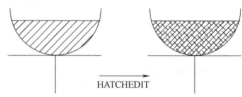

图 3-46 填充图案编辑

3.3 图块的制作与编辑

将某个元素或多个元素组成的图形对象定制为一个整体图形，该整体图形即是 AutoCAD 中的图块。图块具有自己的特性，此外组成其中的各个对象有自己的图层、线型和颜色等特性。可以对图块进行复制、旋转、删除和移动等编辑修改操作。图块的作用主要是避免许多重复性的操作，提高设计与绘图的效率和质量。

3.3.1 创建图块

AutoCAD 创建图块的功能命令是 BLOCK。启动 BLOCK 命令可以通过以下三种方式。

•打开【绘图】下拉菜单中的【块】子菜单，选择其中的【创建】命令。

•单击"绘图"工具栏上的"创建块"图标按钮。

•在"命令:"行提示下输入 BLOCK 并回车。

按上述方法激活 BLOCK 命令后，AutoCAD 系统弹出"块定义"对话框。在该对话框中的名称栏下输入图块的名称。如图 3-47 所示。接着在对象栏下单击选择对象图标，单击该图标后系统切换到图形屏幕上，AutoCAD 要求选择图形，可以使用光标直接选取图形，回车后该图形将加入到图块中，如图 3-48 所示。

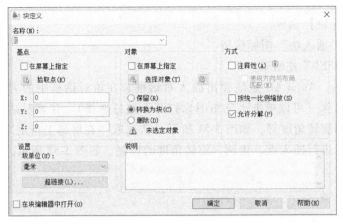

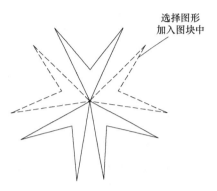
选择图形
加入图块中

图 3-47 "块定义"对话框　　　　　　　　　　图 3-48 选取图形

选择图形对象后按下【Enter】，系统将切换到对话框中。在基点栏下单击拾取点图标，指定该图块插入点的位置，也可以在其下面的 X，Y，Z 空白栏中直接输入坐标点（X，Y，Z），如图 3-49 所示。图块插入点的位置为在绘图时插入该图块的基准点和图块的旋转与缩放基点。AutoCAD 默认的基点是坐标系的原点。单击该图标后系统切换到图形屏幕上，AutoCAD 要求选择图块插入点的位置。可以使用光标直接选取位置点，回车确认后将返回"块定义"对话框中。此外在该对话框中，可以为图块设置一个预览图标，并保存在图块中，同时可以设置图块的尺寸单位（毫米、厘米等），如图 3-50 所示。

最后单击确定按钮完成图块的创建操作。该图块将保存在当前的图形中，若未保存图形，则图块也不会被保存。

图 3-49 指定图块插入点　　　　　　　　　　图 3-50 设置预览图标和单位

3.3.2 插入图块

1. 插入单个图块

单图块插入是指在图形中逐个插入图块。要在图形中插入图块，需先按前面有关论述定义图块。AutoCAD 插入图块的功能命令是 INSERT。启动 INSERT 命令可以通过以下三种方式：

- 打开【插入】下拉菜单中的【块】命令。
- 单击"插入点"工具栏上的"插入块"图标按钮。
- 在"命令:"行提示下输入 INSERT 并回车。

按上述方法激活插入图块命令后，AutoCAD 系统弹出插入对话框。在该对话框中的名称选项区域右边选择要插入的图块名称（可以单击小三角图标打开下拉栏选择）。在该对话框中还可以设置插入点、缩放比例和旋转角度等，如图 3-51 所示。若选取"在屏幕上指定"复选框，可以直接在屏幕上使用鼠标进行插入点、比例、旋转角度的控制，如图 3-52 所示。

命令:INSERT
输入 X 比例因子指定对角点或[角点(C)/XYZ(XYZ)]<1>:0.5
输入 Y 比例因子或<使用 X 比例因子>:0.3

图 3-51　插入图块对话框

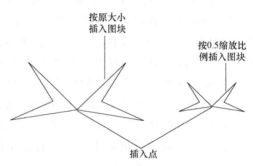

图 3-52　插入图块

此外，可以将已有的 .dwg 图形文件作为图块插入，其插入方法与插入图块完全一致。只需单击对话框右上角的浏览图标，在弹出的选择对话框中选择图形文件后单击确定按钮确认返回，即可按前面有关论述的方法进行操作，如图 3-53 所示。

2. 多图块插入

多图块插入是指在图形中以矩形阵列形式插入多个图块。其 AutoCAD 功能命令为 MINSERT。启动 MINSERT 命令可以通过

图 3-53　插入图形文件

在"命令:"行提示下输入 MINSERT 并回车。在进行多图块插入操作时，插入的图块是整体的。下面以在"命令:"行直接输入 MINSERT 命令为例，说明多图块插入的方法，如图 3-54 所示。

命令:MINSERT(多图块插入)
输入块名或[?]<K>:K(输入图块名称)

单位:mm 转换:1.0000
指定插入点或[基点(B)/比例(S)/X/Y/Z/旋转(R)]:(指定插入点)
输入 X 比例因子指定对角点或[角点(C)XYZ(XYZ)]<1>:1
指定旋转角度<0>:0
输入行数(---)<1>:3
输入列数(lll)<1>:4
输入行间距或指定单位单元(---):350
指定列间距(lll):500

3.3.3 图块编辑

图块编辑包括写图块（WBLOCK）、图块分解（EXPLODE）和属性编辑（DDATTE、ATTEDIT）等操作。

1. 写图块

写图块（可以理解为保存）的 AutoCAD 功能命令是 WBLOCK。启动 WBLOCK 命令可以通过在"命令:"行提示下输入 WBLOCK 并回车。激活 WBLOCK 命令后，

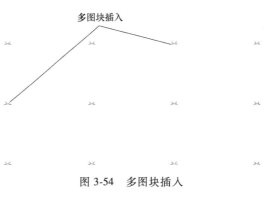

图 3-54 多图块插入

AutoCAD 系统弹出对话框，在该对话框中的源选项栏下，可以选择块/整个图形/对象等方式的复选框，并在右侧选择已有图块 K，然后单击确定按钮即可保存该图块，图块的存储默认位置在对话框下侧的空白框，同时可以进行存储位置设置。如图 3-55 所示。

a) 选择块选项

b) 选择对象选项

图 3-55 "写块"对话框

2. 图块分解

在定义图块后，图块是一个整体，若要对图块中的某个图形元素对象进行修改，在整体组合的图块中无法实现。为此，AutoCAD 提供了将图块分解的功能命令 EXPLODE。

EXPLODE 命令可以将块、填充图案和标注尺寸从创建时的状态转换或化解为独立的对象。

启动 EXPLODE 命令可以通过以下三种方式：

- 打开【修改】下拉菜单中的【分解】命令。
- 单击"修改"工具栏上的"分解"图标按钮。
- 在"命令："行提示下输入 EXPLODE 并回车。

按上述方法激活 EXPLODE 命令后，AutoCAD 操作提示如下：

命令：EXPLODE

选择对象：指定对角点：找到一个

选择对象：（回车）

选择要分解的图块对象，回车后选中的图块对象将被分解，如图 3-56 所示。

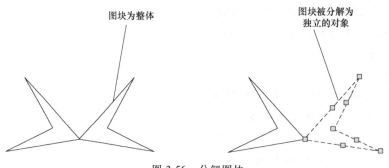

图 3-56　分解图块

3.3.4　块属性与外部参照

1. 块属性

在 AutoCAD 中，可以使块附带属性，主要是块带有文字信息，在插入块时可以对文字信息进行对话填写新内容或修改等。块属性适用于带有文本内容的块。如图纸的标题栏、表格、名称等。

启用定义图块属性命令可以用如下方法：

- 在"命令："行提示下直接输入命令 ATTDEA。

- 打开［绘图］下拉菜单中的［块］子菜单，选择其中的［定义属性］命令。

执行以上操作后出现对话框如图 3-57 所示。

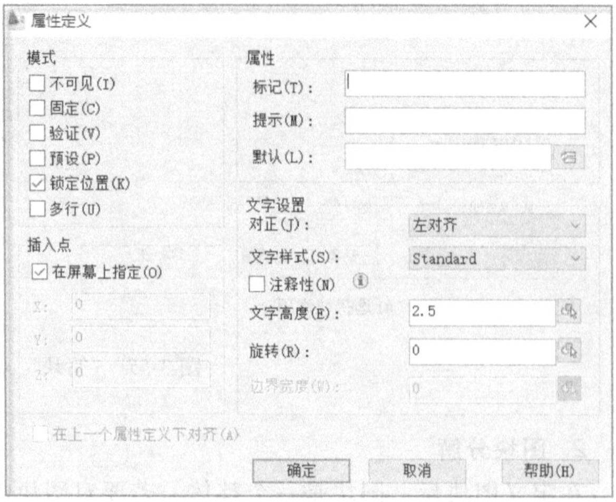

（1）模式选项组说明

不可见复选框：选中此复选框，属性值为不可见显示方式，即插入图块并输入属性值后，属性值在图中并

图 3-57　"属性定义"对话框

不显示出来。

固定复选框：选中此复选框，则属性值为常量，即属性值在属性定义时给定，在插入图块时 AutoCAD 不再提示输入属性值。

验证复选框：选中此复选框，当插入图块时 AutoCAD 重新显示属性值，让用户验证该值是否正确。

预置复选框：当插入图块时，AutoCAD 自动把事先设置好的默认值赋予属性，不再提示输入属性值。

锁定位置复选框：确定是否锁定属性在块中的位置。如果没有锁定位置，插入块后，利用节点编辑功能可以改变属性的位置。

多行：指定属性值是否为多行文字。

（2）属性选项组说明

标记文本框：输入属性标签。属性标签可由除空格和感叹号以外的所有字符组成，AutoCAD 自动把小写字母改为大写字母。

提示文本框：输入属性提示。属性提示是插入图块时 AutoCAD 要求输入属性值的提示，如果不在此文本框中输入文本，则以标签作为提示。如果在"模式"选项组选中"固定"复选框即设置属性为常量，则不需要设置属性提示。

默认文本框：设置默认的属性值。可把使用次数较多的属性值作为默认值，也可不设默认值。

插入点选项：确定属性文本的位置。可以在插入时由用户在图形中确定属性文本的位置，也可以在 X、Y、Z 文本框中直接输入属性文本的位置坐标。

文字选项组：设置文本的对齐方式、文本样式、字高和旋转角度。

在上一个属性定义下对齐复选框：选中此复选框，表示把属性标签直接放在前一个属性的下面，并且该属性继承前一个属性的文本样式、字高和旋转角度等特性。属性标志可以由字母、数字、字符等组成，但字符之间不能有空格，且必须输入属性标志。

逐项进行选择并填写标记、提示、默认栏后所选对象即附着属性。同一对象可以多次附着不同属性内容。

2. 外部参照

外部参照是把已有的图形文件插入到当前图形文件中。不论外部参照的图形文件多么复杂，AutoCAD 只会把它当作一个单独的图形实体。外部参照（也称 Xref）与插入文件块相比有许多优点。一个是由于外部参照的图形并不是当前图样的一部分，因而利用 Xref 组合的图样比通过文件块构成的图样要小。另外每当 AutoCAD 装载图样时，都将加载最新的 Xref 版本，因此若外部图形文件有所改动，则用户装入的参照图形也将跟随着变动。再有是利用外部参照将有利于几个人共同完成一个设计项目，因为 Xref 使设计者之间可以容易的查看对方的设计内容。如电气设计者可以在建筑结构平面的参照上完成电气设计部分内容。

（1）命令的实现

- 在"命令:"行提示下直接输入命令 XATTACH（或 XA）。
- 打开［插入］下拉菜单中的［外部参照］命令
- 单击"参照"工具栏上的"外部参照"图标按钮。

进行以上操作后会出现"选择参照文件"对话框，如图 3-58 所示。选择文件后单击打开后出现"附着外部参照"对话框，如图3-59所示。

（2）外部参照对话框各选项说明

1）名称。该列表显示当前图形中包含的外部参照文件名称，用户可以在列表中直接选取文件，或单击浏览按钮查找其他参照文件。

图3-58 "选择参照文件"对话框

图3-59 "附着外部参照"对话框

2）附着型。图形文件A嵌套了其他的Xref，而这些文件是以"附着型"方式被引用的，当新文件引用图形A时，用户不仅可以看到图形本身，还能看到A图中嵌套的Xref。附着方式的Xref不能循环嵌套，即如果A图形引用了B图形，而B图形又引用了C图形，则C图形不能再引用图形A。

3）覆盖型。图形A中有多层嵌套的Xref，但它们均以"覆盖型"方式被引用，即当其他图形引用A图时，就只能看到A图本身，其包含的任何Xref都不会显示出来。覆盖方式的Xref可以循环引用，使得设计人员可以灵活地使用。

4）插入点。在此区域中指定外部参照文件的插入基点，可直接在X、Y、Z文本框中输入插入点坐标，或是选中"在屏幕上指定"复选项，然后在屏幕上指定。

5）比例。在此区域中指定外部参照文件的缩放比例，可直接在X、Y、Z文本框中输入沿这三个方向的比例因子，或是选中"在屏幕上指定"复选项，然后在屏幕上指定。

6）旋转。确定外部参照文件的旋转角度，可直接在"角度"框中输入角度值，或是选中"在屏幕上指定"选项，然后在屏幕上指定。

对上述选项进行设定或默认后单击确定按钮，即可在当前图形文件中引入外部参照。

（3）外部参照编辑

选中参照对象后，在其上单击右键，在菜单上选择"在位编辑外部参照"后出现"参照编辑"对话框，如图3-60所示。

选择其中各选项或默认并单击确定按钮后在绘图区自动出现参照编辑工具，如图3-61所示。其中最左端的按钮是参照编辑按钮，与右键选择"在位编辑外部参照"作用相同。有加号的按钮是添加到工作按钮，单击后出现复选框，用此复选框选择要编辑的对象后即可进行编辑。有减号的按钮是从工作集删除按钮，单击后出现复选框，用此复选框选择要编辑的对象后即可在当前的工作集中删除。有打叉的按钮是关闭参照编辑按钮，单击此按钮将关闭外部参照编辑。最右端的按钮是保存参照编辑按钮，单击此按钮将保存对外部参照的编辑。利用此工具可以方便地对外部参照进行编辑。

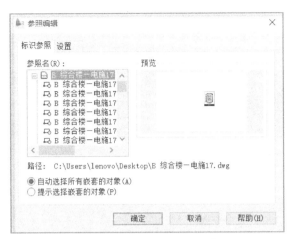

图 3-60 "参照编辑"对话框

图 3-61 参照编辑工具

3.4 本章小结

本章详细讲述 AutoCAD 图形基本修改和编辑方法，包括删除、复制、镜像、偏移、阵列、移动、旋转、拉伸、分解、打断、剪切、延伸、倒角、圆角、缩放和拉长等命令。3.2节中对多线、多段线、样条曲线、图案填充等图形元素的特殊编辑方法做了详细说明，同时也介绍了对象特性的编辑和特性匹配的使用方法。3.3节介绍的图块制作方法为后面章节绘制并保存建筑电气图形中的图例做了铺垫。结合第1、第2章介绍的内容，读者可以快速高效地绘制各种复杂图形。

第 4 章

文字与尺寸标注

【学习目标】

· 熟练掌握创建文字样式、书写单行和多行文字、编辑文字内容。

· 熟练掌握创建表格样式、填写表格。

· 熟练掌握创建标注样式、编辑尺寸标注的运用和方法。

· 掌握利用文字编辑器和特性编辑器灵活地修改和编辑各种文字、利用表格编辑功能编辑表格。

绘制电气工程图形时，为确保图形精确和易读，一般要在图形上标注尺寸，甚至还需要绘制表格、编辑文字，这些表格和文字为理解图形内容提供了必要的信息，也是 AutoCAD 绘制图形的重要内容。

4.1 标注文字

标注文字是工程设计不可缺少的一部分，文字与图形一起才能表达完整的设计思想。文字标注包括图形名称、注释、标题和其他图纸说明等。AutoCAD 提供了强大的文字处理功能，如可以设置文字样式、单行标注、多行标注、支持 Windows 字体、兼容中英文字体等。

4.1.1 文字样式设置

AutoCAD 文字样式是指文字字符和符号的外观形式，即字体。AutoCAD 字体除了可以使用 Windows 操作系统的 TrueType 字体外，还有其专用字体（其扩展名为 SHX）。AutoCAD 默认的字体为 TXT.SHX，该种字体全部由直线段构成（没有弯曲段），因此存储空间较少，但外观单一且不美观。

可以通过文字样式（STYLE 命令）修改当前使用字体。启动 STYLE 命令可以通过以下三种方式：

· 打开【格式】下拉菜单选择命令【文字样式】选项。

· 单击"样式"工具栏上的"文字样式"命令图标。

· 在"命令："行提示下直接输入 STYLE 或 ST 命令。

按上述方法执行 STYLE 命令后，AutoCAD 弹出文字样式对话框，在该对话框中可以设置相关的参数，包括样式、新建样式、字体、高度和效果等。如图 4-1 所示。

a) 文字样式设置页面　　　　　b) 字体的设置　　　　　c) 新建样式

图 4-1　文字样式对话框

其中在字体类型中，带 @ 的字体表示该种字体是水平放置的，如图 4-2 所示。此外，在字体选项栏中可以使用大字体，该种字体是扩展名为 .shx 的 AutoCAD 专用字体，如 chineset.shx、bigfont.shx 等，大字体前均带一个圆规状的符号，如图 4-3 所示。

图 4-2　带 @ 的字体文字效果　　　　　图 4-3　AutoCAD 专用字体

4.1.2　单行文字标注方法

单行文字标注是指进行逐行文字输入。单行文字标注功能的 AutoCAD 命令为 TEXT。启动单行文字标注 TEXT 命令可以通过以下两种方式：

- 打开【绘图】下拉菜单选择【文字】命令选项，再在子菜单中选择【单行文字】命令。
- 在"命令:"行提示下直接输入 TEXT 命令。

可以使用 TEXT 输入若干行文字，并可进行旋转、对正和大小调整。在"输入文字"提示下输入的文字会同步显示在屏幕中。每行文字是一个独立的对象。要结束一行并开始另一行，可在"输入文字"提示下输入字符后按 ENTER 键。要结束 TEXT 命令，可直接按 ENTER 键，而不用在"输入文字"提示下输入任何字符。通过对文字应用样式的选用，用户可以使用多种字符图案或字体。这些图案或字体可以在垂直列中拉伸、压缩、倾斜、镜像或排列。下面以在"命令:"行直接输入 TEXT 命令为例，说明单行文字标注方法，完成文字输入后回车确认即可，如图 4-4 所示。

命令:TEXT(输入 TEXT 命令)

当前文字样式:"Standard"文字高度:2.5000

注释性:否

指定文字的起点或[对正(J)/样式(S)]:

指定高度<2.5000>:10

指定文字的旋转角度<0>:

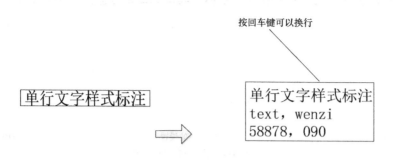

图 4-4　单行标注文字

4.1.3　多行文字标注方法

除了使用 TEXT 进行单行文字标注外，还可以进行多行文字标注，其 AutoCAD 命令为 MTEXT。启动单行文字标注 TEXT 命令可以通过以下三种方式：

- 打开【绘图】下拉菜单选择【文字】命令选项，再在子菜单中选择【多行文字】命令。
- 单击绘图工具栏上的多行文字命令图标。
- 在"命令:"行提示下直接输入 MTEXT 命令。

激活 MTEXT 命令后，要求在屏幕上指定文字的标注位置，可以使用鼠标直接在屏幕上点取，如图 4-5 所示。指定文字的标注位置后，AutoCAD 弹出文字格式对话框，在该对话框中设置字形、字高、颜色等，然后输入文字，输入文字后单击 OK 按钮，文字将在屏幕上显示出来，如图 4-6 所示。

下面以在"命令:"行直接输入 MTEXT 命令为例，说明多行文字标注方法。

命令:MTEXT(标注文字)
当前文字样式:"Standard"文字高度:10
注释性:否
指定第一角点:(指定文字位置)
指定对角点或[高度(H)/对正(I)/行距(L)/旋转(R)/样式(S)/宽度(W)/栏(C)]:
(指定文字对角位置,在弹出的对话框中可以设置字形、字高、颜色等,并输入文字)
指定高度<2.5>:400

图 4-5　指定文字位置

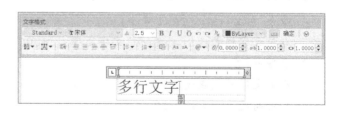

图 4-6　输入文字

4.2　尺寸和标注

尺寸标注是设计制图中一项十分重要的工作，图样中各图形元素的位置和大小要靠尺寸来确定。AutoCAD 为此提供了一套完善的尺寸标注命令，使得尺寸标注和编辑更为方便和灵活。建筑电气施工图涉及的尺寸标注比较简单，主要是供用电设备的安装位置和相对尺寸的标注，如竖井大样图中各设备和缆线的定位尺寸等。下面简要介绍建筑电气施工图绘制中需要的尺寸标注与编辑命令。

一个完整的尺寸标注应由尺寸数字、尺寸线、延伸线和尺寸箭头符号等组成，如图4-7 所示。

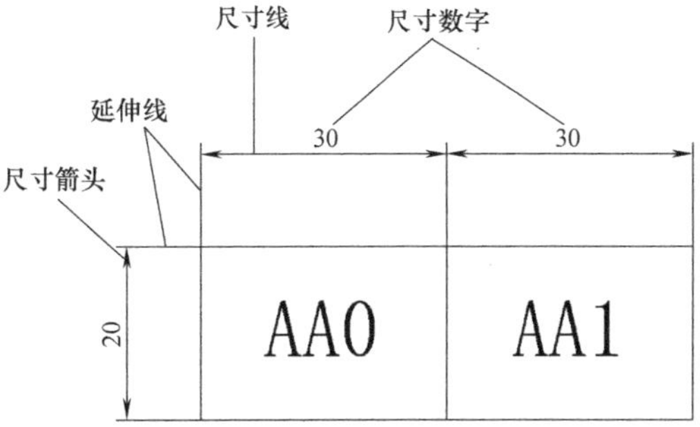

尺寸数字：用来确定物体的实际尺寸。可以使用 AutoCAD 自动测量值，也可以使用给定的尺寸数字进行说明。

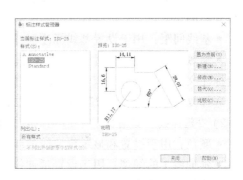

图 4-7　尺寸的组成

延伸线：用来确定尺寸的测量范围。应从图形的轮廓线、轴线、对称中心线引出，同时，轮廓线、轴线、对称中心线也可以作为延伸线。

尺寸线：用于表示标注的范围。AutoCAD 通常将尺寸线放置在测量区域中。如果空间不足，则将尺寸线或文字转移到测量区域外部，这取决于标注样式的放置规则。对于角度标注，尺寸线是一段圆弧。

尺寸箭头：尺寸箭头是用来确定尺寸的起止。箭头显示在尺寸线的末端，用于指出测量的开始和结束位置。

在 AutoCAD 中，对图形进行尺寸标注应遵循以下步骤：

1）建立尺寸标注图层。

2）创建用于尺寸标注的所需的文字样式。

3）建立尺寸标注的样式。

4）使用所建立的标注样式，用尺寸标注命令对标注对象进行尺寸标注，也可用尺寸标注编辑命令对不符合要求的标注进行编辑修改。

4.2.1　标注样式设置

1. 标注样式创建步骤

在 AutoCAD 中，新建一个自己的标注样式，其步骤如下：

1）通过下拉菜单【格式】→【标注样式】、标注工具栏的按钮或在命令行键入"DDIM"来打开"标注样式管理器"对话框，如图 4-8 所示。

2）单击"新建"按钮，打开"创建新标注样式"对话框，如图 4-9 所示。在"新样式名

图 4-8　"标注样式管理器"对话框

编辑框中输入新的样式名称如"电气标注样式"；在"基础样式"下拉列表框中选择新样式的副本，在新样式中包含了副本的所有设置，默认基础样式为 ISO-25；在"用于"下拉列表框中选择"所有标注"项，以应用于各种尺寸类型的标注。

　　3）单击"继续"按钮，打开"修改标注样式"对话框，如图 4-10 所示。在该对话框中，利用"直线和箭头"、"文字"、"主单位"等六个选项卡可以设置标注样式的所有内容。

图 4-9　"创建新标注样式"对话框

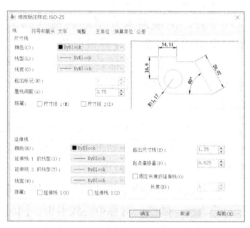

图 4-10　"修改标注样式"对话框

　　4）设置完毕，单击"确定"按钮，这时将得到一个新的尺寸标注样式。

　　5）在"标注样式管理器"对话框的"样式"列表中选择新创建的样式（如"电气标注样式"）单击"置为当前"按钮，将其设置为当前样式，即可用此标注样式标注图中对象。

2．"修改标注样式"对话框各项内容和设置

（1）"线"选项卡　单击"线"选项卡，将出现图 4-10 所示对话框，各选项功能如下：

1）"尺寸线"设置区。

●颜色：用于设置和显示尺寸线的颜色。默认情况下，尺寸线的颜色是"ByBlock"。

●线型：用于设置尺寸线的线型。默认情况下，尺寸线的线型是"ByBlock"。

●线宽：用于设置尺寸线的线宽。默认情况下，尺寸线的线宽是"ByBlock"。

●超出标记：用于控制在使用倾斜、建筑标记、积分箭头或无箭头时，尺寸线延长到延伸线外面的长度。

●基线间距：用于设置基线标注尺寸线之间的距离。

●隐藏：用于设置尺寸线是否隐藏。在 AutoCAD 中，尺寸线被标注文字分成两部分，即使标注文字未被放置在尺寸线内也是如此。选择复选框"尺寸线 1"则隐藏第一条尺寸线，选择复选框"尺寸线 2"则隐藏第二条尺寸线。

　　2）"延伸线"设置区。

●颜色：用于设置和显示延伸线的颜色。

●延伸线 1 的线型：用于设置延伸线 1 的线型。

●延伸线 2 的线型：用于设置延伸线 2 的线型。

● 线宽：设置延伸线的线宽。

● 隐藏：用于设置延伸线是否隐藏。选择复选框"延伸线 1"则隐藏第一条延伸线，选择复选框"延伸线 2"则隐藏第二条延伸线。

● 超出尺寸线：用于设置延伸线超出尺寸线的距离。

● 起点偏移量：用于设置延伸线到指定的标注起点的偏移距离。

● 固定长度的延伸线：选择该复选框，则用一组固定长度的延伸线标注图形中对象的尺寸。延伸线的长度在"长度"编辑框内输入。

（2）"符号和箭头"选项卡　单击"符号和箭头"选项卡，如图 4-11 所示，各选项功能如下：

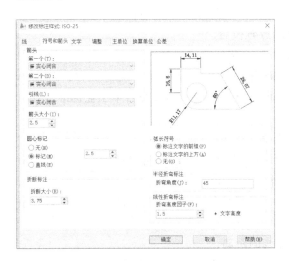

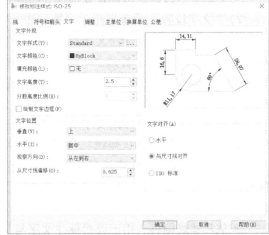

图 4-11　"符号和箭头"选项卡　　　　　图 4-12　"文字"选项卡

1）"箭头"设置区用于设置标注箭头和引线的类型和大小，系统提供了约 20 种箭头的样式供选用。

● 第一个：用于设置第一个箭头的样式。

● 第二个：用于设置第二个箭头的样式。通常情况下，尺寸线的两个箭头应一致。

● 引线：用于设置引线箭头的样式。

● 箭头大小：用于设置箭头的大小。

2）"圆心标记"设置区用于设置圆心标记的类型、大小和有无，可通过下拉列表框进行选择。其中，圆心标记类型若选择"标记"，则在圆心位置以短十字线标注圆心，该十字线的长度由"大小"编辑框设定；若选择"直线"，则圆心标注线将延伸到圆外，"大小"编辑框用于设置中间小十字标记和标注线延伸到圆外的尺寸。

3）"弧长符号"设置区用于设置弧长符号的显示位置。选择复选框"标注文字的前缀"，则弧长符号作为标注文字的前缀标在文字的前面；选择复选框"标注文字的上方"，则弧长符号标在文字的上方；选择复选框"无"，则不标注弧长符号。

● 折弯角度：用于设置标注大圆弧半径标注线的折弯角度。

● 线性折弯标注：用于设置标注的线性尺寸标注线的折弯角度。

（3）"文字"选项卡　单击"文字"选项卡，将出现图 4-12 所示对话框，各选项功能如下：

1）"文字外观"设置区用于设置标注文字的类型、颜色和大小等。

● 文字样式：用于设置当前标注文字样式。

● 文字颜色：用于设置当前标注文字的颜色。

● 填充颜色：用于设置填充颜色。

● 文字高度：用于设置当前标注文字的高度。如果使用"文字"选项卡上的"文字高度"设置，则必须将文字样式中的文字高度设为0。

● 分数高度比例：用于设置标注文字中分数相对于其他文字的比例，该比例与标注文字高度的乘积为分数文字的高度。

● 绘制文字边框：选择该复选框，将在标注文字的周围绘制一个边框。

2）"文字位置"设置区用于设置标注文字的放置位置。

● 垂直：用于设置标注文字沿尺寸线垂直对正。若选择"置中"选项，则将文字放在尺寸线两部分的中间；若选择"上方"选项，则把标注文字放在尺寸线的上方；若选择"外部"选项，则把文字放在尺寸线外侧；若选择"JIS"选项，则按照日本工业标准（JIS）放置标注文字。

● 水平：设置水平方向文字所放位置。若选择"置中"选项，则将文字放在延伸线的中间；若选择"第一条延伸线"，则标注文字沿尺寸线与第一条延伸线左对正；若选择"第二条延伸线"，则标注文字沿尺寸线与第二条延伸线右对正；若选择"第一条延伸线上方"，则标注文字放在第一条延伸线之上；若选择"第二条延伸线上方"，则标注文字放在第二条延伸线之上。

● 从尺寸线偏移：用于设置标注文字与尺寸线的距离。

3）"文字对齐"设置区用于设置标注文字是保持水平还是与尺寸线对齐。

● 水平：将水平放置标注文字。

● 与尺寸线对齐：标注文字沿尺寸线方向放置。

● ISO标准：当标注文字在延伸线内时，标注文字将与尺寸线对齐，当标注文字在尺寸线外时，文字将水平排列。

（4）"调整"选项卡　单击"调整"选项卡，如图4-13所示，各选项功能如下：

1）"调整选项"设置区用于设置尺寸文本与尺寸箭头的格式。在标注尺寸时，如果没有足够的空间，将尺寸文本与尺寸箭头全部写在延伸线内部时，可选择该栏所确定的各种摆放形式，来安排尺寸文本与尺寸箭头的摆放位置。

● 文字或箭头（最佳效果）单选按钮：系统自动选择一种最佳的方式，来安排尺寸文本和尺寸箭头的位置。

● 箭头单选按钮：首先将尺寸箭头

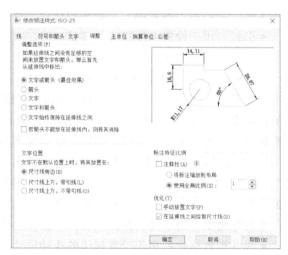

图4-13　"调整"选项卡

放在延伸线外侧。

- 文字单选按钮：首先将尺寸文字放在延伸线外侧。

- 文字和箭头单选按钮：将尺寸文字和箭头都放在延伸线外侧。

- 文字始终保持在延伸线之间单选按钮：将尺寸文本始终放在延伸线之间。

- 若不能放在延伸线内，则消除箭头复选按钮：如果尺寸箭头不适合标注要求时，则抑制箭头显示。

2）"文字位置"选项组用于设置文本的特殊放置位置。如果尺寸文本不能按规定放置时可采用该栏的选择项，设置尺寸文本的放置位置。

- 尺寸线旁边单选按钮：将尺寸文本放置在尺寸线旁边。

- 尺寸线上方，加引线单选按钮：将尺寸文本放在尺寸线上方，并加上引出线。

- 尺寸线上方，不加引线单选按钮：将尺寸文本放在尺寸线的上方，不加引出线。

3）"标注特征比例"设置区用于设置全局标注比例或布局（图纸空间）比例。所设置的尺寸标注比例因子，将影响整个尺寸标注所包含的内容。例如：如果文本字高设置为5mm，比例因子为2，则标注时字高为10mm。

- 使用全局比例单选按钮及文本框：用于选择和设置尺寸比例因子，使之与当前图形的比例因子相符。例如，在一个准备按1:2缩小输出的图形中（图形比例因子为2），如果箭头尺寸和文字高度都被定义为2.5，且要求输出图形中的文字高度和箭头尺寸也为2.5。那么，必须将该值（变量DIMSCALE）设为2。这样一来，在标注尺寸时AutoCAD会自动地把标注文字和箭头等放大到5。而当用绘图设备输出该图时，长为5的箭头或高度为5的文字又减为2.5。该比例不改变尺寸的测量值。

- 按标注缩放到布局（图纸空间）单选按钮：确定该比例因子是否用于布局（图纸空间）。如果选中该按钮，则系统会自动根据当前模型空间视口和图纸空间之间的比例关系设置比例因子。

4）"优化"设置区用于设置标注尺寸时是否进行优化调整。

- 手动放置文字复选按钮：选中该复选框后，可根据需要，将标注文字放置在指定的位置。

- 在延伸线之间绘制尺寸线复选按钮：选中该复选框后，当尺寸箭头放置在延伸线之外时，也可在延伸线之内绘制出尺寸线。

（5）"主单位"选项卡 单击"主单位"选项卡，如图4-14所示，各选项功能如下：

1）"线性标注"设置区用于设置线性标注尺寸的单位格式和精度。

- 单位格式：选择标注单位格式。单击该框右边的下拉箭头，在弹出的下拉列

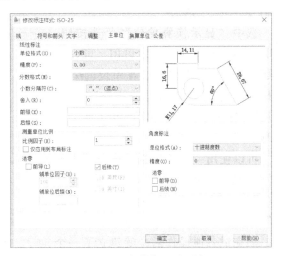

图4-14 "主单位"选项卡

表框中，选择单位格式。单位格式有"科学""小数""工程""建筑""分数""Windows 桌面"。

● 精度：设置尺寸标注的精度，即保留的小数点后的位数。

● 分数格式：设置分数的格式，该选项只有在"单位格式"选择"分数"或"建筑"后才有效。在下拉列表中有三个选项，"水平""对角"和"非堆叠"。

● 小数分隔符：设置十进制数的整数部分和小数部分之间的分隔符。在下拉列表框中有三个选择项，"逗点（'）""句点（.）"和"空格（ ）"。

● 舍入：设定测量尺寸的圆整值，即精确位数。

● 前缀和后缀：设置尺寸文本的前缀和后缀。在相应的文本框中，输入尺寸文本的说明文字或类型代号等内容。

2）"测量单位比例"设置区。

可使用"比例因子"文本框设置测量尺寸的缩放比例，系统的实际标注值为测量值与该比例因子的乘积；选中"仅应用到布局标注"复选框，可以设置该比例关系是否仅适用于布局。

3）"消零"设置区用于控制前导和后续以及英尺和英寸单位的零是否输出。

● 前导：系统不输出十进制尺寸的前导零。

● 后续：系统不输出十进制尺寸的后续零。

● 0英尺或0英寸：在选择英尺或英寸为单位时，控制零的可见性。

4）"角度标注"设置区。

● 单位格式：设置标注角度时的单位。

● 精度：设置标注角度的尺寸精度。

● 消零：设置是否消除角度尺寸的前导或后续零。

（6）"换算单位"选项卡　单击"换算单位"选项卡，如图4-15所示，各选项功能如下：

通过换算标注单位，可以转换使用不同测量单位制的标注，通常是显示英制标注的等效公制标注，或公制标注的等效英制标注。在标注文字中，换算标注单位显示在主单位旁边的方括号"［ ］"内。

选中"显示换算单位"复选按钮，这时对话框的其他选项才可用，可以在"换算单位"栏中设置换算单位的"单位格式""精度""换算单位乘数""舍入精度""前缀"及"后缀"等选项，方法与设置主单位的方法相同。

可以使用"位置"选项中的"主值后""主值下"单选按钮，设置换算单位的位置。建筑电气图标注不涉及"公差"选项卡公差问题因此不予介绍。

当完成各项操作后，就建立了一个新的尺寸标注样式，单击"确定"按钮，返回到"标注样式管理器"对话框，再单击"关闭"按钮，完成新尺寸

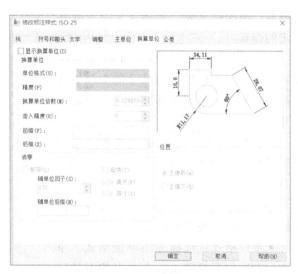

图4-15　"换算单位"选项卡

标注样式的设置。

4.2.2 标注工具应用

尺寸标注样式设置完成后，就可以用各种标注工具对图形尺寸进行标注。标注命令的调用可以在标注下拉菜单中单击相应选项、标注工具条上单击相应图标按钮或在命令行输入相应命令。"标注"工具条如图 4-16 所示。

图 4-16 "标注"工具条

1. 线性标注

线性标注用于标注用户坐标系 XY 平面中的两个点之间距离的测量值，可以指定两点或选择一个标注对象。可以用来标注水平、垂直和指定角度的长度型尺寸。启动线性标注命令可以通过以下两种方式：

- 打开【标注】下拉菜单选择【线性】命令选项。
- 在"命令:"行提示下直接输入 DIMLINEAR 命令。

激活 DIMLINEAR 命令后，系统提示"指定第一条延伸线原点或<选择对象>:"，这时可以指定第一条延伸线起点或直接回车选择"选择对象"选项。如果选择"选择对象"选项，在默认情况下，指定了尺寸线位置后，系统自动测量出标注对象的尺寸并标出。如指定第一条延伸线起点后，系统提示"指定第二条延伸线原点:"，指定第二条延伸线起点后，系统提示"指定尺寸线位置或［多行文字（M）/文字(T)/角度(A)/水平(H)/垂直(V)/旋转(R)］:"，在默认情况下，指定了尺寸线位置后，系统自动测量出两条延伸线起始点间的距离并标出尺寸。线性标注示例如图 4-17 所示。

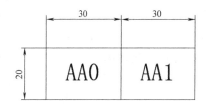

图 4-17 线性标注示例

```
命令:DIMLINEAR
指定第一条延伸线原点或<选择对象>:
指定第二条延伸线原点:
指定尺寸线位置或[多行文字(M)/文字(T)/角度(A)/水平(H)/垂直(V)/旋转
(R)]:
标注文字=30
```

2. 对齐标注

在使用线性标注尺寸时，若直线的倾斜角度未知，那么使用该方法将无法得到准确的测量结果，这时可使用对齐标注命令。此标注命令的尺寸线与标注对象平行。启动对齐标注命令可以通过以下两种方式：

- 打开【标注】下拉菜单选择【对齐】命令选项。
- 在"命令:"行提示下直接输入 DIMALIGNED 命令。

激活 DIMALIGNED 命令后，系统提示"指定第一条延伸线原点或<选择对象>:"，这时可以指定第一条延伸线起点或直接回车选择"选择对象"选项。如果选择"选择对象"选项，在默认情况下，指定了尺寸线位置后，系统自动测量出标注对象的尺寸并标出。如指定第一条延伸线起点后，系统提示"指定第二条延伸线原点:"，指定第二条延伸线起点后，系统提示"指定尺寸线位置或［多行文字（M）/文字(T)/角度（A)]:"，在默认情况下，指定了尺寸线位置后，系统自动测量出两条延伸线起始点间的距离并标出尺寸。对齐标注示例如图4-18所示。

```
命令:DIMALIGNED
指定第一条延伸线原点或<选择对象>:
指定第二条延伸线原点:
指定尺寸线位置或[多行文字(M)/文字(T)/角度(A)]:
标注文字=30
```

3.角度标注

使用角度标注可以测量圆和圆弧的角度、两条直线间的角度或者三点间的角度并标注测得的角度值。启动角度标注命令可以通过以下两种方式：

- 打开【标注】下拉菜单选择【角度】命令选项。
- 在"命令:"行提示下直接输入 DIMANGULAR 命令。

激活 DIMANGULAR 命令后，系统提示"选择圆弧、圆、直线或<指定顶点>:"，根据选择对象的不同，系统显示不同的提示。以标注两直线间的夹角为例：单击第一条直线后，系统提示"选择第二条直线:"，单击第二条直线后系统提示"指定标注弧线位置或［多行文字（M)/文字（T)/角度

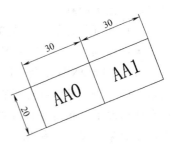

图4-18 对齐标注示例

（A)]:"，移动鼠标，系统动态显示尺寸线的位置和效果，单击一点，系统按预演标注角度。角度尺寸的尺寸线为圆弧的同心弧，延伸线沿径向引出。角度标注示例如图4-19所示。

```
命令:DIMANGULAR
选择圆弧、圆、直线或<指定顶点>:
选择第二条直线:
指定标注弧线位置或[多行文字(M)/文字(T)/角度(A)/象限点(Q)]:
标注文字=22
```

4.基线标注

基线标注以现有的某个标注为基础，然后快速标注其他尺寸。使用基线标注可以创建一系列由相同的标注原点测量出来的标注。要创建基线标注，必须先创建（或选择）一个线性或角度标注作为基准标注。启动基线标注命令可以通过以下两种方式：

- 打开【标注】下拉菜单选择【基线】命令选项。
- 在"命令"行提示下直接输入 DIMBASELINE 命令。

发出"基线标注"命令后，AutoCAD 将默认以最后

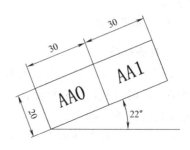

图4-19 角度标注示例

一次创建尺寸标注的原点作为基点，系统提示"指定第二条延伸线原点或［放弃（U）/选择(S)]<选择>:"，如果不以最后一次创建的标注的原点作为基点，则此处直接回车，系统会提示"选择基准标注:"，点选后，系统接着提示："指定第二条延伸线原点或［放弃(U)/选择(S)]<选择>:"，则指定第二条延伸线原点后系统接着做相同提示，再依次选择下一个延伸线原点，最后按回车键结束标注。基线标注示例如图4-20所示。

```
命令:DIMBASELINE
指定第二条延伸线原点或[放弃(U)/选择(S)]<选择>:
标注文字=60
指定第二条延伸线原点或[放弃(U)/选择(S)]<选择>:*取消*
```

5. 连续标注

连续标注以现有的某个标注为基础，然后快速标注其他尺寸，用于要求多段尺寸串联、尺寸线在一条直线上放置的标注。要创建连续标注，必须先选择一个线性或角度标注作为基准标注。每个连续标注都从前一个标注的第二条延伸线处开始。启动连续标注命令可以通过以下两种方式：

- 打开【标注】下拉菜单选择【连续】命令选项。
- 在"命令:"行提示下直接输入 DIMCONTINUE 命令。

此命令的操作方法与"基线标注"命令相同，只是此命令各段标注尺寸线均在一条直线上，每个连续标注都从前一个标注的第二条延伸线处开始。连续标注示例如图4-21所示。

```
命令:DIMCONTINUE
指定第二条延伸线原点或[放弃(U)/选择(S)]<选择>:
标注文字=30
指定第二条延伸线原点或[放弃(U)/选择(S)]<选择>:
标注文字=30
指定第二条延伸线原点或[放弃(U)/选择(S)]<选择>:*取消*
```

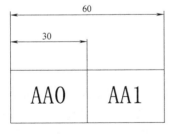

图4-20 基线标注示例

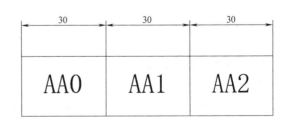

图4-21 连续标注示例

4.2.3 标注编辑与修改

在 AutoCAD 中，编辑尺寸标注及其文字的方法主要有以下三种：

- 使用"标注样式管理器"中的"修改"按钮，可通过"修改标注样式"对话框来编辑图形中所有与标注样式相关联的尺寸标注。

● 使用尺寸标注编辑命令，可以对已标注的尺寸进行全面的修改编辑，这是编辑尺寸标注的主要方法。

● 使用夹点编辑。由于每个尺寸标注都是一个整体对象组，因此使用夹点编辑可以快速编辑尺寸标注位置。

1. 尺寸文本编辑

使用"编辑标注"命令，可以修改原尺寸为新文字、调整文字到默认位置、旋转文字和倾斜延伸线。编辑标注命令可以通过下拉菜单的【标注】→【倾斜】、标注工具栏的"编辑标注"按钮或在"命令"行键入 DIMEDIT 进行调用。命令调用后，系统提示"输入标注编辑类型［默认（H）/新建(N)/旋转(R)/倾斜(O)]<默认>:"。各参数的功能介绍如下：

● 默认（H）：选择该项，可以移动标注文字到默认位置。选择该选项后系统提示"选择对象:"，选择后回车，标注文字移动到默认位置。

● 新建（N）：选择该项，可以在打开的"多行文字编辑器"对话框中修改标注文字。

● 旋转（R）：选择该项，可以旋转标注文字。选择该选项后系统提示"指定标注文字的角度:"，输入角度后，系统提示："选择对象:"，选择后回车，标注文字旋转指定的角度。

● 倾斜（O）：选择该项，可以调整线性标注延伸线的倾斜角度。选择该选项后系统提示："选择对象:"，选择后回车，系统提示"输入倾斜角度（按回车键表示无):"输入角度后回车，标注延伸线倾斜输入的角度。

尺寸文本编辑示例如图 4-22 所示。

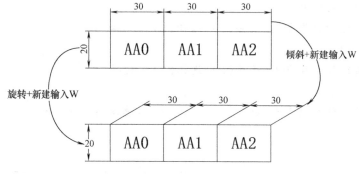

图 4-22 尺寸文本编辑示例

2. 尺寸文字位置编辑

使用"尺寸文字位置编辑"命令可以移动和旋转标注文字。尺寸文字位置编辑命令可以通过下拉菜单的【标注】→【文字对齐】、标注工具栏的"尺寸文字位置编辑"按钮或在"命令"行键入 DIMTEDIT 进行调用。命令调用后，系统提示"选择标注:"，标注选择后，系统提示指定标注文字的新位置或［左（L)/右(R)/中心(C)/默认(H)/角度(A)]，选择选项进行相应操作。

AutoCAD 提示选项的意义如下：

● 左（L)：选择该项，回车后使文字沿尺寸线左对齐。适于线性、半径和直径标注。

● 右（R)：选择该项，回车后使文字沿尺寸线右对齐。适于线性、半径和直径标注。

● 中心（C)：选择该项，回车后将标注文字放在尺寸线的中心。

●默认（H）：选择该项，回车后将标注文字移至默认位置。

●角度（A）：选择该项，回车后，系统提示"指定标注文字的角度:"，输入角度后回车，标注文字倾斜输入的角度。

具体操作在调用功能后，按系统提示进行操作即可。

3. 标注的关联与更新

通常情况下，尺寸标注和样式是相关联的，当标注样式修改后，使用"更新标注"命令 DIMSTYLE 可以快速更新图形中与标注样式不一致的尺寸标注。

操作步骤如下：

1）在"标注"工具栏中单击"标注样式"按钮，打开"标注样式管理器"对话框。

2）单击"替代"按钮，在打开的"替代当前样式"对话框中进行标注样式的设置。

3）设置完毕后在"标注样式管理器"对话框中单击"关闭"按钮。

4）在"标注"工具栏中单击"更新标注"按钮。

5）在图形中单击需要修改其标注的对象。

6）按回车键，结束对象选择，即完成标注的更新。

4.3　表格绘制

使用 AutoCAD 提供的"表格"功能，用户可以直接插入设置好样式的表格，而不用绘制由单独的图线组成的表格。另外表格功能设置的表格输入文本非常方便，"对正"和"文字输入"直接有对话框出现，利用工具即可实现。

1. 定义表格样式

"表格"对话框如图 4-23 所示。进入表格样式的方式有以下几种：

●在【格式】菜单栏中单击【表格样式】。

●在【绘图】工具栏中单击表格图标⊞。

首先确定表格样式，一般默认样式为 Standard。若需新样式可以单击表格样式旁新建样式按钮，出现"新建表格样式"对话框如图 4-24 所示，设置新建表格样式。

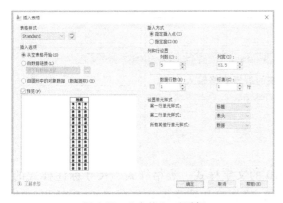

图 4-23　"表格"对话框

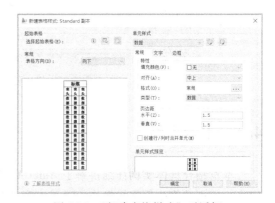

图 4-24　"新建表格样式"对话框

在单元格式中可以通过下拉表框分别设置标题，可以设置标题、表头、数据的样式。如填充颜色、对正方式、格式种类、类型、页边距等。

2. 在表格中输入内容

确定了表格样式并确定了表格的行数、列数、行高、列宽、第一行、第二行以及其他行的样式（标题、表头、数据）后，出现带插入点的表格，拖动鼠标到需要插入的位置，即出现所要设定的表格，如图4-25所示。同时自动出现多行文字编辑器。在标题处，可以利用"多行文字编辑器"调整文字大小字体等进行标题栏的输入。标题栏输入后随意单击需要输入内容的某一空格，出现表格工具，可以对该空格进行设置。表格工具有多项功能，如：插入行或列、删除行或列、合并单元格、取消合并单元格、单元边框设置、对正选择、锁定（解锁）、数据格式选择、插入块、插入字段、插入公式选择、管理单元内容、匹配单元、单元样式、Excel数据链接和从源文件下载更改等。双击该空格即进入多行文字编辑状态，可以编辑输入所需文本，如图4-26所示。重复上述过程即可完成全部表格内容。

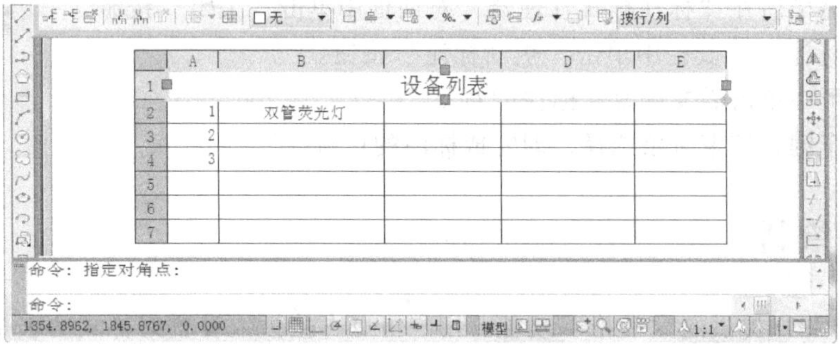

图 4-25 出现设定的表格

图 4-26 进入任意空格的编辑表格输入

4.4 本章小结

本章结合具体实例详细讲解了 AutoCAD 2010 的文字样式、表格样式、尺寸标注样式的创建、使用及修改等编辑操作。通过本章的学习，读者可快速掌握如何利用 CAD 的相关功能实现对图纸元器件符号以及其他相关内容的文字标记的编辑，掌握对图纸标题栏的绘制、文字编辑以及如何对所绘图形进行尺寸标注。

第5章

建筑电气强电系统绘制

【学习目标】

- 了解建筑电气强电系统中常用的设备、器件及其符号。
- 掌握建筑电气照明系统平面图的绘制方法。
- 掌握建筑电气插座系统平面图的绘制方法。
- 掌握建筑电气防雷与接地系统平面图的绘制方法。
- 掌握建筑电气强电系统图的绘制方法。

建筑电气系统设计通常包含强电系统设计与弱电系统设计，强电系统设计包括：照明配电系统、动力配电系统、防雷与接地系统。对于高层建筑还包含消防设施配电及控制系统、空调配电及控制系统、变配电系统、自备柴油发电机组系统或太阳能配电及控制系统。强电系统设计结果要绘制在施工图上，主要包括照明系统平面布置图、插座系统平面布置图、防雷与接地系统平面图及低压配电系统图等。弱电系统设计将在第6章详述。

5.1 建筑电气照明系统绘制

5.1.1 照明系统的图例绘制

1. 常用开关图例的绘制

常用的开关图例造型包括暗装或明装单极（双/三极）单控（双控）开关、防水开关和延时开关等不同类型。

（1）绘制一个圆形

操作方法：先绘制一个单极开关造型。所定的圆形半径大小数据仅作为案例讲解时使用，在实际使用时可以根据图纸比例缩放，后面图例尺寸取法同此。

操作命令：CIRCLE。

```
命令:CIRCLE
指定圆的圆心或[三点(3P)/两点(2P)/切点、切点、半径(T)]:
指定圆的半径或[直径(D)]:125
```

操作示意如图 5-1 所示。

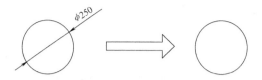

图 5-1　绘制一个圆形

（2）在圆上方绘制反"L"造型

操作方法：圆形与直线要相交。

操作命令：LINE、TRIM、CHAMFER 等。

命令:LINE
指定第一点:
指定下一点或[放弃(U)]:
指定下一点或[放弃(U)]:
命令:TRIM
当前设置:投影=UCS,边=无
选择剪切边...
选择对象或<全部选择>:找到一个
选择对象:
选择要修剪的对象,或按住 Shift 键选择要延伸的对象,或[栏选(F)/窗交(C)/投影(P)/边(E)/删除(R)/放弃(U)]:
选择要修剪的对象,或按住 Shift 键选择要延伸的对象,或[栏选(F)/窗交(C)/投影(P)/边(E)/删除(R)/放弃(U)]:
命令:CHAMFER
("修剪"模式)当前倒角距离 1=0.0000,距离 2=0.0000
选择第一条直线或[放弃(U)/多段线(P)/距离(D)/角度(A)/修剪(T)/方式(E)/多个(M)]:
选择第二条直线或按住 Shift 键选择要应用角点的直线:

操作示意如图 5-2 所示。

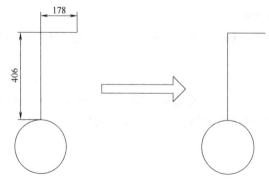

图 5-2　在圆上方绘制反"L"造型

（3）旋转倒"L"形

操作方法：以圆形与直线交点为旋转基点，旋转角度为 45°。注意旋转角度的正负号影响旋转方向。

> 操作命令:ROTATE。
>
> 命令:ROTATE
>
> UCS 当前的正角方向:ANGDIR＝逆时针,ANGBASE＝0
>
> 选择对象:找到一个
>
> 选择对象:
>
> 指定基点:
>
> 指定旋转角度或[复制(C)/参照(R)]<0>:-45

操作示意如图 5-3 所示。

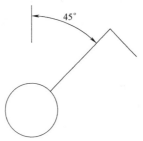

图 5-3　旋转倒"L"形

（4）对圆形进行图案填充

操作方法：填充图案可以选择"ANSI31"或"SOLID"。

操作命令 BHATCH。

> 命令:BHATCH
>
> 拾取内部点或[选择对象(S)/删除边界(B)]:正在选择所有对象...
>
> 正在选择所有可见对象...
>
> 正在分析所选数据...
>
> 正在分析内部孤岛...
>
> 拾取内部点或[选择对象(S)/删除边界(B)]:

操作示意如图 5-4 所示。

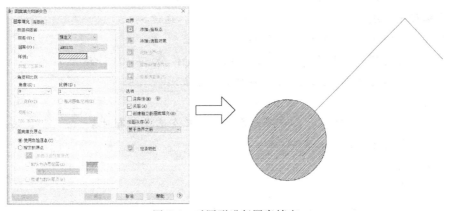

图 5-4　对圆形进行图案填充

（5）加粗直线部分

操作方法：使用 PEDIT 功能命令进行加粗，圆形不能使用该功能命令，可采用其他方法加粗。

操作命令：PEDIT。

命令:PEDIT

选择多段线或[多条(M)]:M

选择对象:找到一个

选择对象:找到一个,总计两个

选择对象:

是否将直线、圆弧和样条曲线转换为多段线？[是(Y)/否(N)]？<Y>Y

输入选项[闭合(C)/打开(O)/合并(J)/宽度(W)/拟合(F)/样条曲线(S)/非曲线化(D)/线型生成(L)/反转(R)/放弃(U)]:W

指定所有线段的新宽度:15

输入选项[闭合(C)/打开(O)/合并(J)/宽度(W)/拟合(F)/样条曲线(S)/非曲线化(D)/线型生成(L)/反转(R)/放弃(U)]:

已删除填充边界关联性。操作示意如图 5-5 所示。

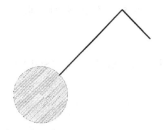

图 5-5　加粗直线部分

（6）通过偏移填充方法加粗圆形线条

操作方法：偏移宽度与直线粗细一样，为 15mm。填充图案为 SOLID。

操作命令：OFFSET、BHATCH。

命令:OFFSET

当前设置:删除源=否,图层=源,OFFSETGAPE=0

指定偏移距离或[通过(T)/删除(E)/图层(L)]<通过>:15

选择要偏移的对象或[退出(E)/放弃(U)]<退出>:

指定要偏移的那一侧上的点或[退出(E)/多个(M)/放弃(U)]<退出>:

选择要偏移的对象或[退出(E)/放弃(U)]<退出>:

命令:BHATCH

拾取内部点或[选择对象(S)/删除边界(B)]:正在选择所有对象…

正在选择所有可见对象…

正在分析所选数据…

正在分析内部孤岛…

拾取内部点或[选择对象(S)/删除边界(B)]:

操作示意如图 5-6 所示。

（7）完成单极开关造型图形绘制

操作方法：缩放视图观察图形效果，将单极开关造型图形保存在"电气 CAD 图形库"备用。

操作命令：ZOOM、SAVE。

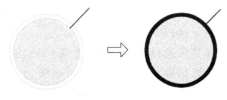

图 5-6　通过偏移填充方法加粗圆形线条

> 命令:ZOOM
>
> 指定窗口的角点输入比例因子(nX 或 nXP)或者[全部(A)中心(C)/动态(D)/范围(E)上一个(P)比例(S)/窗口(W)/对象(O)]<实时>:E

正在重生成模型。操作示意如图 5-7 所示。

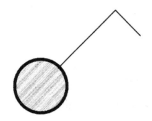

图 5-7　单极开关（暗装或明装）

（8）根据单极单控开关图形，快速得到单极双控开关图形

操作方法：将单极双控开关图形保存在"电气 CAD 图形库"备用。

操作命令：ARRAY。

> 命令:ARRAY
>
> 选择对象:找到一个
>
> 选择对象:
>
> 指定阵列中心点:

操作示意如图 5-8 所示。

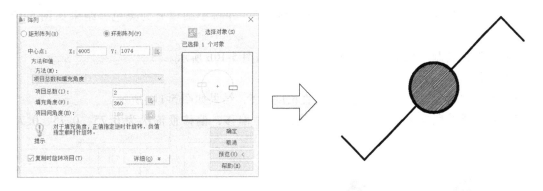

图 5-8　单极双控开关（暗装或明装）

（9）利用单极单控开关图形，更快速得到双极（或三极）单控开关图形

操作方法：将双极（或三极）单控开关图形保存进电气 CAD 图形库备用。

操作命令：OFFSET、COPY、MOVE 等。

命令:OFFSET

当前设置:删除源=否,图层=源,OFFSETGAPTYPE=0

指定偏移距离或[通过(T)删除(E)/图层(L)]<15.0000>:200

选择要偏移的对象或[退出(E)/放弃(U)]<退出>:

指定要偏移的那一侧上的点或[退出(E)/多个(M)/放弃(U)]<退出>:

选择要偏移的对象或[退出(E)/放弃(U)]<退出>:

指定要偏移的那一侧上的点或[退出(E)/多个(M)/放弃(U)]<退出>:

选择要偏移的对象或[退出(E)/放弃(U)]<退出>:

命令:COPY

选择对象:找到一个

选择对象:

当前设置:复制模式=多个

指定基点或[位移(D)/模式(O)]<位移>:

指定第二个点或<使用第一个点作为位移>:

指定第二个点或[退出(E)/放弃(U)]<退出>:

操作示意如图5-9所示。

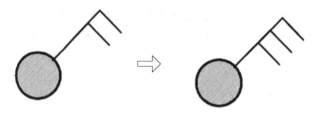

图 5-9　双（三）极单控开关

2. 常用灯具图例的绘制

（1）绘制防水防尘灯

1）绘制半径为 2.5 的圆，然后向里偏移 1.5，并将小圆填充为黑色，结果如图 5-10a 所示。

2）在圆内绘制一条水平和垂直直径，结果如图 5-10b 所示。

（2）绘制三管荧光灯

1）绘制线段，其水平长度为 3、垂直长度为 5，结果如图 5-11a 所示。

2）将水平线段向下偏移 5，将垂直线段向左偏移，偏移量依次为 0.75、0.75、0.75，

图 5-10　绘制防水防尘灯　　　　图 5-11　绘制三管荧光灯

并删除最右边的垂直线段，结果如图 5-11b 所示，即为三管荧光灯。

（3）绘制普通吊灯、壁灯、球形灯、花灯等其他灯具图形符号

如图 5-12 所示。普通吊灯、壁灯、球形灯、花灯的圆半径均为 2。

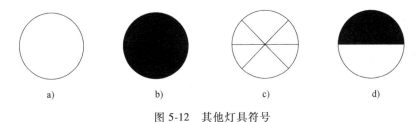

图 5-12 其他灯具符号

3. 常用配电箱图例的绘制

例如，照明配电箱的绘制步骤如下：

1）绘制一个 2×5 的矩形，并在其中间绘制一条垂直线段，结果如图 5-13a 所示。

2）利用填充图案"SOLID"填充矩形的左部分，结果如图 5-13b 所示。

4. 常用电路引线图例造型绘制

（1）绘制一个半径为 80mm 的圆形

操作方法：使用 CIRCLE 命令绘制圆形。

操作命令：CIRCLE。

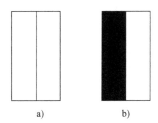

图 5-13 绘制照明配电箱

```
命令:CIRCLE
指定圆的圆心或[三点(3P)/两点(2P)/切点、切点、半径]:
指定圆的半径或[直径(D)]:80
```

操作示意如图 5-14 所示。

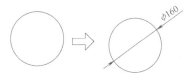

图 5-14 绘制一个半径 80mm 的圆形

（2）通过圆心绘制一条竖直方向的直线

操作方法：使用 LINE 命令绘制引线造型。

操作命令 LINE、TRIM。

```
命令:LINE
指定第一点:
指定下一点或[放弃(U)]:
指定下一点或[放弃(U)]:
命令:TRIM
当前设置:投影=UCS,边=无
```

选择剪切边...

选择对象或<全部选择>:找到一个

选择对象:

选择要修剪的对象,或按住Shift键选择要延伸的对象,或[栏选(F)/窗交(C)/投影(P)/边(E)/删除(R)/放弃(U)]:

选择要修剪的对象,或按住Shift键选择要延伸的对象,或[栏选(F)/窗交(C)/投影(P)/边(E)/删除(R)/放弃(U)]:

操作示意如图5-15所示。

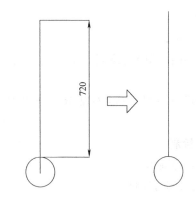

图5-15　通过圆心绘制一条竖直方向的直线

（3）绘制一个箭头并旋转

操作方法：箭头使用PLINE功能命令可以得到。

操作命令：PLINE、ROTATE。

命令:PLINE

指定起点:

当前线宽为0.0000

指定下一点或[圆弧(A)/半宽(H)/长度(L)/放弃(U)/宽度(W)]:W

指定起点宽度<0.0000>:20

指定端点宽度<20.0000>:0

指定下一点或[圆弧(A)/半宽(H)/长度(L)/放弃(U)/宽度(W)]:

指定下一点或[圆弧(A)/闭合(C)/半宽(H)/长度(L)/放弃(U)/宽度(W)]:

命令:ROTATE

UCS当前的正角方向:ANGDIR=逆时针,ANGBASE=0

选择对象:找到一个

选择对象:

指定基点:

指定旋转角度或[复制(C)/参照(R)]<315>:-45

操作示意如图5-16所示。

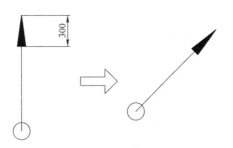

图 5-16　绘制箭头并旋转

（4）对圆形图案进行填充并加粗线条

操作方法：使用 PEDIT 命令加宽直线，注意要缩短其长度，如果其宽度大于箭头尖部宽度，则影响造型效果。

操作命令：BHATCH、PEDIT、LENGTHEN。

```
命令:BHATCH
拾取内部点或[选择对象(S)/删除边界(B)]:正在选择所有对象...
正在选择所有可见对象...
正在分析所选数据...
正在分析内部孤岛...
拾取内部点或[选择对象(S)/删除边界(B)]:
命令:PEDIT
选择多段线或[多条(M)]:M
选择对象:指定对角点:找到两个
输入选项[闭合(C)/打开(O)/合并(J)宽度(W)/拟合(F)/样条曲线(S)/非曲线化
(D)/线型生成(L)/反转(R)/放弃(U)]:W
指定所有线段的新宽度:15
输入选项[闭合(C)/打开(O)/合并(J)宽度(W)/拟合(F)/样条曲线(S)/非曲线化
(D)/线型生成(L)/反转(R)/放弃(U)]:
命令:LENGTHEN
选择对象或[增量(DE)/百分数(P)/全部(T)/动态(DY)]:DY
选择要修改的对象或[放弃(U)]:
指定新端点:
选择要修改的对象或[放弃(U)]:
```

操作示意如图 5-17 所示。

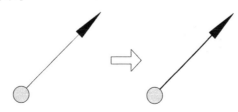

图 5-17　对圆形图案进行填充并加粗线条

（5）加粗圆形线条

操作方法：圆形线条加粗通过偏移和填充实体"SOLID"图案得到。

操作命令：OFFSET、BHATCH

命令:OFFSET

当前设置:删除源=否,图层=源,OFFSETGAPTYPE=0

指定偏移距离或[通过(T)/删除(E)/图层(L)]<0.0000>:15

选择要偏移的对象,或[退出(E)/放弃(U)]<退出>:

指定要偏移的那一侧上的点或[退出(E)/多个(M)/放弃(U)]<退出>:

选择要偏移的对象或[退出(E)/放弃(U)]<退出>:

操作示意如图 5-18 所示。

（6）快速得到其他引线造型

操作方法：通过多次镜像即可得到（包括进行水平方向和竖直方向的镜像），或阵列与镜像组合也可以得到。将所绘制的各种插座符号保存，作为电气专业 CAD 图形库资料备用。

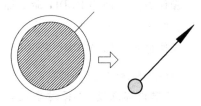

图 5-18　加粗圆形线条

操作命令：MIRROR、MOVE、COPY、ARRAY 等。

命令:MIRROR

选择对象:找到一个

指定镜像线的第一点:

指定镜像线的第二点:

要删除源对象吗?[是(Y)/否(N)]<N>:N

命令:ARRAY

指定阵列中心点:

选择对象:找到一个

命令:COPY

选择对象:找到一个

当前设置:复制模式=多个

指定基点或[位移(D)/模式(O)]<位移>:

指定第二个点或<使用第一个点作为位移>:

指定第二个点或[退出(E)/放弃(U)]<退出>:

命令:MOVE

选择对象:找到一个

选择对象:

指定基点或[位移(D)]<位移>:

指定第二个点或<使用第一个点作为位移>:

操作示意如图 5-19 所示。

5. 常用线槽图例造型绘制

（1）绘制两条水平直线作为线槽造型轮廓，并绘制两端折断线造型

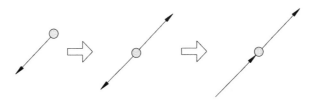

图 5-19　快速得到其他引线造型

操作方法：使用 LINE 命令绘制平行线，平行线间宽度根据实际设计需求确定。

操作命令 LINE、OFFSET、TRIM。

命令:LINE
指定第一点:
指定下一点或[放弃(U)]:
指定下一点或[放弃(U)]:

操作示意如图 5-20 所示。

图 5-20　绘制两条水平直线

（2）绘制一个菱形

操作方法：先绘制一条直线作为辅助定位线，菱形位置约在中间位置。

操作命令：LINE、POLYGON、ROTATE，MOVE 等。

命令:POLYGON
输入边的数目<4>:
指定正多边形的中心点或[边(E)]:
输入选项[内接于圆(I)/外切于圆(C)]<I>:
指定圆的半径:
命令:MOVE
选择对象:找到一个
指定基点或[位移(D)]<位移>:
指定第二个点或<使用第一个点作为位移>:

操作示意如图 5-21 所示。

图 5-21　绘制一个菱形

（3）对菱形进行图案填充，然后删除多余的线条

操作方法：菱形填充图案选择"ANSI37"，注意设置合适的填充比例。

操作命令：BHATCH、ERASE。

> 命令:ERASE
> 选择对象:找到一个
> 选择对象:找到一个,总计两个

操作示意如图 5-22 所示。

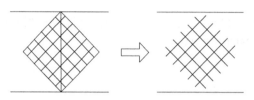

图 5-22　对菱形进行图案填充

（4）勾画引出线并标注文字说明

操作方法：标注文字位置根据图面确定。

操作命令：LINE、TRIM、CHAMFER，MTEXT

> 命令:CHAMFER
> ("修剪"模式)当前倒角距离 1=0.0000,距离 2=0.0000
> 选择第一条直线或[放弃(U)/多段线(P)/距离(D)/角度(A)/修剪(T)/方式(E)/多个(M)]:
> 选择第二条直线或按住 Shift 键选择要应用角点的直线:
> 命令:MTEXT
> 当前文字样式:"Standard",文字高度:600,注释性:否
> 指定第一角点:
> 指定对角点或[高度(H)/对正(J)/行距(L)/旋转(R)/样式(S)/宽度(W)/栏(C)]:

操作示意如图 5-23 所示。

（5）绘制其他形式的桥架线槽

操作方法：可以参考前述方法快速绘制。

操作命令：命令根据需要使用，命令提示参考前面相关操作。

操作示意如图 5-24 所示。

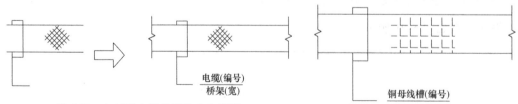

图 5-23　勾画引出线并标注文字说明　　　　图 5-24　同理绘制其他形式的桥架线槽

5.1.2　照明系统的首层平面图绘制

在住宅建筑中，住宅电气照明布置是以户型划分进行布置。可以先进行其中一个单元户

型绘制，其他单元户型可以通过复制或镜像轻松得到。

（1）调用首层住宅建筑平面图

操作方法：住宅建筑首层平面图一般由建筑专业提供。在使用时，可以删除或关闭不需使用的建筑专业相关图层，使得图面更为简洁。注意建筑底图的线条改为细线、灰色线条更好。

操作命令：OPEN、LAYER、PEDIT、PROPERTIES、ERASE 等。

> 命令:PEDIT
>
> 选择多段线或[多条(M)]:M
>
> 选择对象:指定对角点:找到 51 个
>
> 输入选项[闭合(C)/打开(O)/合并(J)/宽度(W)/拟合(F)/样条曲线(S)/非曲线化(D)/线型生成(L)/反转(R)/放弃(U)]:W
>
> 指定所有线段的新宽度:0
>
> 输入选项[闭合(C)/打开(O)/合并(J)/宽度(W)/拟合(F)/样条曲线(S)/非曲线化(D)/线型生成(L)/反转(R)/放弃(U)]:
>
> 命令:ERASE
>
> 选择对象:找到一个
>
> 选择对象:找到一个,总计两个

操作示意如图 5-25 所示。

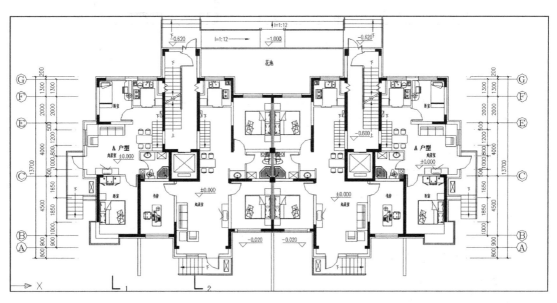

图 5-25　调用首层住宅建筑平面图

（2）在左侧第一个单元绘制进户线

操作方法：使用 PLINE 命令绘制进户线，绘制位置根据实际工程确定。

操作命令：PLINE。

命令：PLINE

指定起点：

当前线宽为0.0000

指定下一点或[圆弧(A)/半宽(H)/长度(L)/放弃(U)/宽度(W)]:W

指定起点宽度<0.0000>:60

指定端点宽度<60.0000>:60

指定下一点或[圆弧(A)/半宽(H)/长度(L)/放弃(U)/宽度(W)]:

指定下一点或[圆弧(A)/闭合(C)/半宽(H)/长度(L)/放弃(U)/宽度(W)]:

操作示意如图5-26所示。

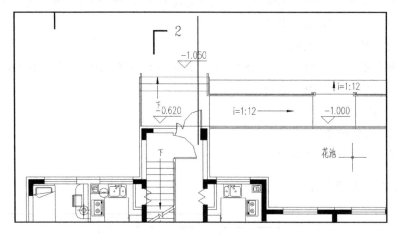

图5-26　在左侧第一个单元绘制进户线

（3）在进户线一端绘制一个长方形

操作方法：使用RECTANG命令绘制长方形，作为总配电箱造型轮廓。

操作命令：RECTANG、LINE、MOVE等。

命令：RECTANG

指定第一个角点或[倒角(C)/标高(E)/圆角(F)/厚度(T)宽度(W)]:

指定另一个角点或[面积(A)/尺寸(D)/旋转(R)]:

命令：LINE

指定第一点：

指定下一点或[放弃(U)]:

命令：MOVE

选择对象：找到一个

选择对象：

指定基点或[位移(D)]<位移>:

指定第二个点或<使用第一个点作为位移>:

操作示意如图5-27所示。

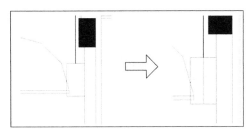

图 5-27　在进户线一端绘制一个长方形

（4）将长方形一半填充，同时在其下部绘制一个单元配电箱造型

操作方法：使用 BHATCH 和 RECTANG 命令绘制单元配电箱。

操作命令：BHATCH、RECTANG、LINE，MOVE 等。

命令:BHATCH
拾取内部点或[选择对象(S)/删除边界(B)]:正在选择所有对象…
正在选择所有可见对象…
正在分析所选数据…
正在分析内部孤岛…
拾取内部点或[选择对象(S)/删除边界(B)]:

操作示意如图 5-28 所示。

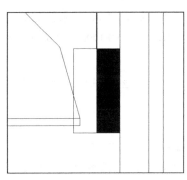

图 5-28　绘制一个单元配电箱造型

（5）连接两个电箱之间连接线，并创建导线引线

操作方法：导线引线造型直接使用前面有关章节所绘制的图形，若大小不合适，可以通过缩放实现调整。

操作命令：PLINE、INSERT、SCALE、MOVE、ROTATE 等。

命令:INSERT
指定插入点或[基点(B)/比例(S)/X/Y/Z/旋转(R)]:
输入 X 比例因子指定对角点或[角点(C)/XYZ(XYZ)]<1>:1.0
命令:SCALE
选择对象:找到一个
指定基点:

指定比例因子或[复制(C)/参照(R)]<1.0000>:0.8

命令:ROTATE

UCS 当前的正角方向:ANGDIR=逆时针,ANGBASE=0

选择对象:指定对角点:找到一个

指定基点:

指定旋转角度,或[复制(C)/参照(R)]<0>:45

操作示意如图 5-29 所示。

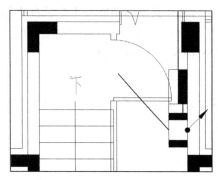

图 5-29　创建导线引线

（6）绘制入口楼梯处照明灯及其导线。

操作方法：使用 CIRCLE 命令绘制两个同心圆来构成照明灯。

操作命令：PLINE、LINE、CIRCLE、OFFSET、TRIM 等。

命令:CIRCLE

指定圆的圆心或[三点(3P)/两点(2P)/切点、切点、半径(T)]:

指定圆的半径或[直径(D)]:

命令:OFFSET

当前设置:删除源=否,图层=源,OFFSETGAPTYPE=0

指定偏移距离或[通过(T)/删除(E)/图层(L)]<通过>:

选择要偏移的对象或[退出(E)/放弃(U)]<退出>:

指定通过点或[退出(E)/多个(M)/放弃(U)]<退出>:

选择要偏移的对象或[退出(E)/放弃(U)]<退出>:

命令:TRIM

当前设置:投影=UCS,边=无

选择剪切边 ...

选择对象或<全部选择>:找到一个

选择要修剪的对象,或按住 Shift 键选择要延伸的对象,或[栏选(F)/窗交(C)/投影(P)/边(E)/删除(R)/放弃(U)]:

选择要修剪的对象,或按住 Shift 键选择要延伸的对象,或[栏选(F)/窗交(C)/投影(P)/边(E)/删除(R)/放弃(U)]:

操作示意如图 5-30 所示。

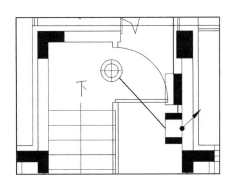

图 5-30　绘制入口楼梯处照明灯及其导线

（7）从墙体布置楼梯间平台照明灯导线

操作方法：使用 COPY 命令复制前一步绘制的造型构成平台照明灯。

操作命令：PLINE、COPY、MOVE 等。

> 命令:COPY
> 选择对象:找到一个
> 选择对象:
> 当前设置:复制模式=多个
> 指定基点或[位移(D)/模式(O)]<位移>:
> 指定第二个点或<使用第一个点作为位移>:
> 指定第二个点或[退出(E)/放弃(U)]<退出>:

操作示意如图 5-31 所示。

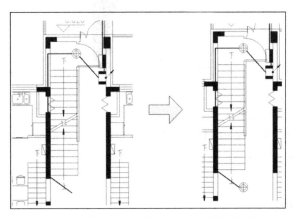

图 5-31　从墙体布置楼梯间平台照明灯导线

（8）将导线引向开关位置，创建照明控制开关造型

操作方法：开关造型直接使用前面有关章节所绘制的图形，若大小不合适，可以通过缩放进行调整。

操作命令：PLINE、INSERT、SCALE、MOVE、ROTATE 等。

操作示意如图 5-32 所示。

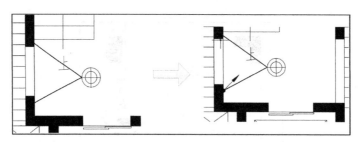

图 5-32　创建照明控制开关造型

（9）绘制户型配电箱造型

操作方法：使用 RECTANG 和 BHATCH 命令绘制户型配电箱造型。

操作命令：RECTANG、LINE、TRIM、BHATCH、MOVE 等。

命令：BHATCH

拾取内部点或［选择对象(S)／删除边界(B)］：正在选择所有对象…

正在选择所有可见对象…

正在分析所选数据…

正在分析内部孤岛…

拾取内部点或［选择对象(S)／删除边界(B)］：

操作示意如图 5-33 所示。

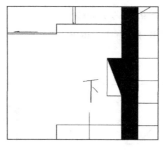

图 5-33　绘制户型配电箱造型

（10）绘制户型照明灯造型

操作方法：使用 POLYGON 和 LINE 命令绘制户型照明灯造型。

操作命令：POLYGON、LINE 等。

命令：POLYGON

输入边的数目<4>:6

指定正多边形的中心点或［边(E)］：

输入选项［内接于圆(I)／外切于圆(C)］<I>：

指定圆的半径：<正交开>

操作示意如图 5-34 所示。

（11）在户型内各个房间布置房间照明灯

操作方法：使用 COPY 命令复制之前房间照明灯造型，其一般布置在房间中部位置。

a)   b)   c)

图 5-34 绘制户型照明灯造型

操作命令：COPY、MOVE 等（功能命令操作提示参考前面相关命令）。

操作示意如图 5-35 所示。

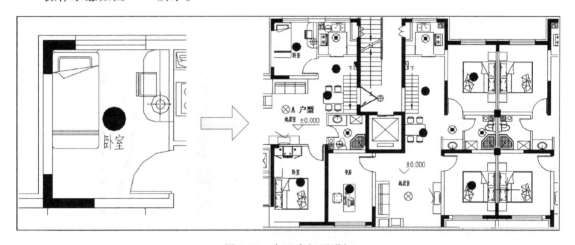

图 5-35 布置房间照明灯

（12）绘制连接客厅和走道房间照明灯的导线和控制开关造型。

操作方法：使用 PLINE 命令绘制导线，导线从户内配电箱引出，同时绘制连接客厅和走道照明灯的导线和控制开关造型。

操作命令：PLINE、CHAMFER、TRIM、LENGTHEN 等。

```
命令:CHAMFER
("修剪"模式)当前倒角距离 1=0.0000,距离 2=0.0000
选择第一条直线或[放弃(U)/多段线(P)/距离(D)/角度(A)/修剪(T)/方式(E)/多个(M)]:
选择第二条直线或按住 Shift 键选择要应用角点的直线:
命令:LENGTHEN
选择对象或[增量(DE)/百分数(P)/全部(T)/动态(DY)]:
当前长度:35.5064
选择对象或[增量(DE)/百分数(P)/全部(T)/动态(DY)]:P
输入长度百分数<100.0000>:120
选择要修改的对象或[放弃(U)]:
选择要修改的对象或[放弃(U)]:
```

操作示意如图 5-36 所示。

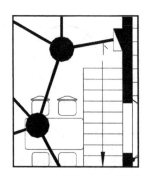

图 5-36　绘制连接客厅和走道房间照明灯的导线和控制开关

（13）创建照明灯的控制开关造型

操作方法：控制开关造型直接使用前面有关章节所绘制的图形，若大小不合适，可以通过缩放进行调整，其类型根据设计确定。

操作命令：PLINE、INSERT、SCALE、ROTATE、MOVE、TRIM 等。

操作示意如图 5-37 所示。

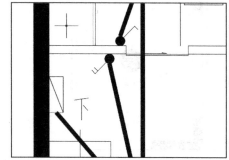

（14）绘制门厅入口处的照明灯导线和控制开关造型

操作方法：绘制方法参考之前照明灯导线和控制开关方法。

操作命令：INSERT、SCALE、ROTATE、MOVE 等。

图 5-37　创建照明灯的控制开关造型

```
命令:MOVE
选择对象:找到一个
指定基点或[位移(D)]<位移>:
指定第二个点或<使用第一个点作为位移>:
```

操作示意如图 5-38 所示。

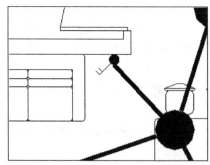

图 5-38　绘制门厅入口处的照明灯导线和控制开关造型

（15）绘制连接餐厅、厨房和北侧卧室的照明灯及其导线和控制开关造型

操作方法：使用 PLINE 命令绘制导线，导线走线方向根据户型平面情况和设计情况确定。

操作命令：PLINE、TRIM、MOVE 等。

命令:PLINE

指定起点:

当前线宽为 0.0000

指定下一个点或(圆弧(A)/半宽(H)/长度(L)/放弃(U)/宽度(W)]:W

指定起点宽度<0.0000>:60

指定端点宽度<0.0000>:

指定下一个点或[圆弧(A)/半宽(H)/长度(L)/放弃(U)/宽度(W)]:

......

操作示意如图 5-39 所示。

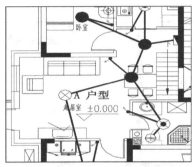

图 5-39　绘制连接餐厅、厨房和北侧卧室的照明灯及其导线和控制开关造型

（16）创建餐厅、厨房和北侧卧室照明灯的控制开关造型

操作方法：控制开关造型直接使用前面有关章节所绘制的图形，若大小不合适，可以通过缩放进行调整，其类型根据设计确定。

操作命令：PLINE、INSERT、ROTATE、MOVE、SCALE 等。

命令:ROTATE

UCS 当前的正角方向:ANGDIR=逆时针,ANGBASE=0

选择对象:找到一个

选择对象:

指定基点:

指定旋转角度或[复制(C)/参照(R)]<70>:

操作示意如图 5-40 所示。

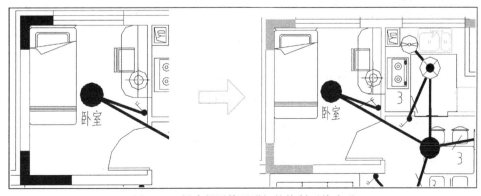

图 5-40　创建餐厅等照明灯的控制开关造型

（17）绘制户型其他房间的照明灯及其导线等造型

操作方法：参考前面相关步骤。

操作命令：PLINE、MOVE、LENGTHEN等。

命令：LENGTHEN

选择对象或［增量(DE)/百分数(P)/全部(T)动态(DY)］:DY

选择要修改的对象或［放弃(U)］:

指定新端点:

选择要修改的对象或［放弃(U)］:

操作示意如图5-41所示。

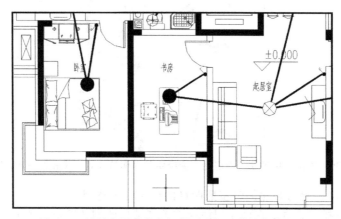

图5-41　绘制户型其他房间的照明灯及其导线等造型

（18）对导线勾画相线造型

操作方法：使用PLINE和MIRROR命令绘制相线，具体哪些导线需要勾画相线造型按设计要求确定。

操作命令：LINE、OFFSET、ROTATE、COPY、MIRROR等。

命令:MIRROR

选择对象:指定对角点:找到两个

选择对象:

指定镜像线的第一点:

指定镜像线的第二点:

要删除源对象吗？［是(Y)/否(N)］<N>:N

命令:OFFSET

当前设置:删除源=否,图层=源,OFFSETGAPTYPE=0

指定偏移距离或［通过(T)/删除(E)/图层(L)］<通过>:10

选择要偏移的对象或［退出(E)/放弃(U)］<退出>:

指定要偏移的那一侧上的点或［退出(E)/多个(M)放弃(U)］<退出>:

选择要偏移的对象或(退出(E)/放弃(U))<退出>:

操作示意如图5-42所示。

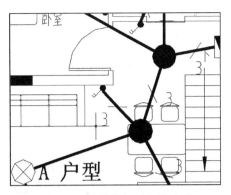

图 5-42　对导线勾画相线造型

（19）绘制卫生间的照明灯及其导线和控制开关造型

操作方法：使用 POLYGON 命令绘制卫生间的照明灯。

操作命令：POLYGON、LINE、BHATCH、MOVE、COPY 等。

```
命令:POLYGON
输入边的数目<6>:6
指定正多边形的中心点或[边(E)]:
输入选项[内接于圆(I)/外切于圆(C)]<I>:
指定圆的半径:
命令:LINE
指定第一点:
指定下一点或[放弃(U)]:
指定下一点或[放弃(U)]:
```

操作示意如图 5-43 所示。

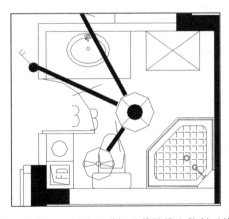

图 5-43　绘制卫生间的照明灯及其导线和控制开关造型

（20）完成一个户型照明灯平面布置

操作方法：缩放视图观察。

操作命令：ZOOM、SAVE 等。

命令:ZOOM

指定窗口的角点,输入比例因子 (nX 或 nXP),或者[全部 (A)/中心 (C)/动态 (D)/范围 (E)/上一个 (P)/比例 (S)/窗口 (W)/对象 (O)]<实时>:E

正在重生成模型

操作示意如图 5-44 所示。

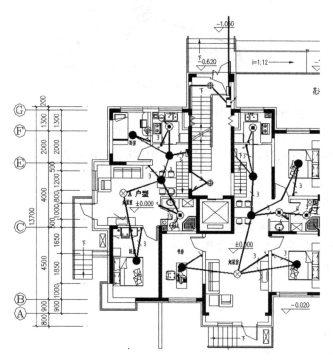

图 5-44　完成一个户型照明灯平面布置

（21）通过镜像得到对称户型的照明平面布置图

操作方法：先锁定其他图层，仅打开电气照明所在图层，然后再选择图形进行镜像。

操作命令：LAYER、MIRROR。

命令:MIRROR

选择对象:指定对角点:找到八个

选择对象:

指定镜像线的第一点:

指定镜像线的第二点:

要删除源对象吗? [是(Y)/否(N)]<N>:N

操作示意如图 5-45 所示。

（22）通过复制得到其他单元户型电气照明布置平面图

操作方法：其中电源进户线不需复制，一般一栋住宅楼采用一个进户线。进行复制时，同样先锁定其他图层，仅打开电气照明所在图层，然后再选择图形进行复制。

操作命令：LAYER、COPY。

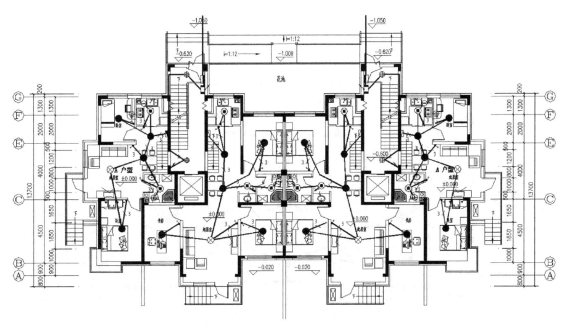

图 5-45　镜像得到对称户型的照明平面布置图

命令:COPY

选择对象:指定对角点:找到十个

选择对象:

当前设置:复制模式＝多个

指定基点或[位移(D)/模式(O)]<位移>:

指定第二个点或<使用第一个点作为位移>:

指定第二个点或[退出(E)/放弃(U)]<退出>:

指定第二个点或[退出(E)/放弃(U)]<退出>:

操作示意如图 5-46 所示。

（23）标注电气照明相应的文字说明、图纸名称等

操作方法：具体需要标注的文字内容，按电气设计要求进行标注。此时需要先解锁各个图层，然后进行相关操作。

操作命令：LAYER、MTEXT、PLINE、MOVE 等。

命令:MTEXT

当前文字样式:"Standard",文字高度:200,注释性:否

指定第一角点:

指定对角点或[高度(H)/对正(J)/行距(L)/旋转(R)/样式(S)/宽度(W)/栏(C)]:

标注电气照明相应的文字说明如图 5-47 所示。

（24）完成首层建筑电气照明平面布置

操作方法：插入图框，保存图形或打印输出。

操作命令：INSERT、PLOT、SAVE、ZOOM 等。

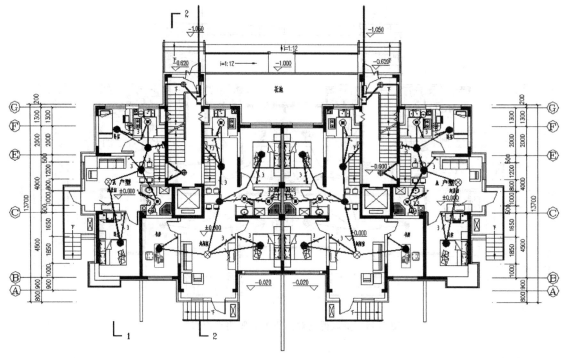

图 5-46 复制得到其他单元户型电气照明布置

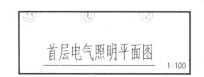

图 5-47 标注电气照明相应的文字说明

命令：ZOOM

指定窗口的角点，输入比例因子（nX 或 nXP），或者［全部（A）/中心（C）/动态（D）/范围（E）/上一个（P）/比例（S）/窗口（W）/对象（O）］＜实时＞:A

操作示意如图 5-48 所示。

5.1.3 照明系统的标准层平面图绘制

（1）调用标准层住宅建筑平面图

操作方法：住宅建筑标准层平面图一般由建筑专业提供。在使用时，可以删除或关闭不需使用的建筑专业相关图层，使得图面更为简洁。

操作命令：OPEN、LAYER、PEDIT、PROPERTIES、ERASE 等。

操作示意如图 5-49 所示。

（2）布置标准层照明灯具、导线及其控制开关等

操作方法：标准层的电气照明绘制方法与首层类似，主要区别在于楼梯间入口，绘制方法先布置其中一个单元户型的照明图，限于篇幅不做详细论述，仅做概括性介绍，可以参考

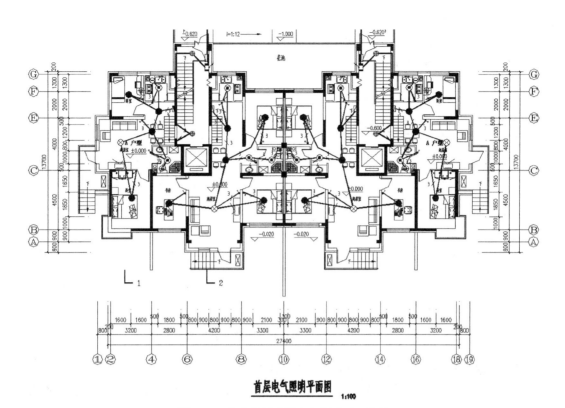

首层电气照明平面图 1:100

图 5-48 完成首层建筑电气照明平面布置

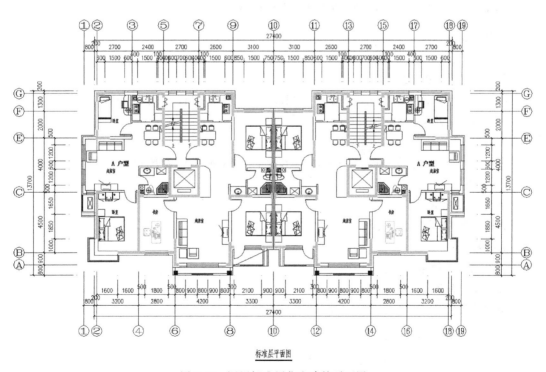

标准层平面图

图 5-49 调用标准层住宅建筑平面图

首层的电气照明绘制。

操作命令：PLINE、POLYGONG、COPY、MOVE、ROTATE、INSERT、TRIM 等。

操作示意如图 5-50 所示。

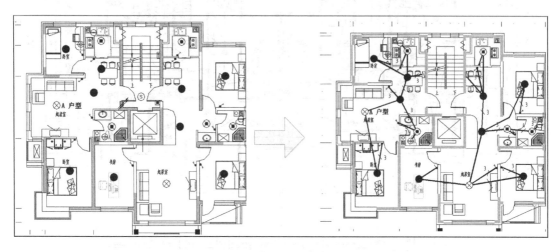

图 5-50　布置标准层照明灯具和导线及其控制开关等

（3）通过镜像得到标准层单元电气照明平面图

操作方法：先布置标准层楼梯间电气照明平面，再镜像得到标准层单元电气照明平面图。

操作命令：MIRROR、PLINE、TRIM、MOVE 等。

```
命令:PLINE
指定起点:
当前线宽为10.0000
指定下一个点或[圆弧(A)/半宽(H)/长度(L)/放弃(U)/宽度(W)]:W
指定起点宽度<10.0000>:60
指定端点宽度<60.0000>:60
指定下一个点或[圆弧(A)/半宽(H)/长度(L)/放弃(U)/宽度(W)]:
……
命令:MIRROR
选择对象:指定对角点:找到 32 个
选择对象:
指定镜像线的第一点:
指定镜像线的第二点:
要删除源对象吗? [是(Y)/否(N)]<N>:N
```

操作示意如图 5-51 所示。

（4）通过复制得到另外其他单元的标准层照明平面图

操作方法：完成整个标准层照明平面图。

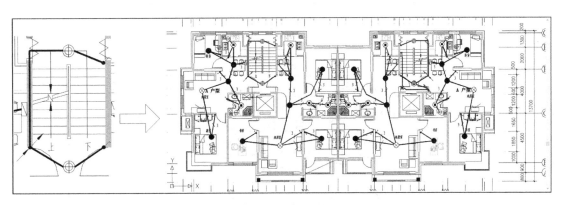

图 5-51 创建标准层单元电气照明平面图

操作命令：COPY、PLINE 等。

操作示意如图 5-52 所示。

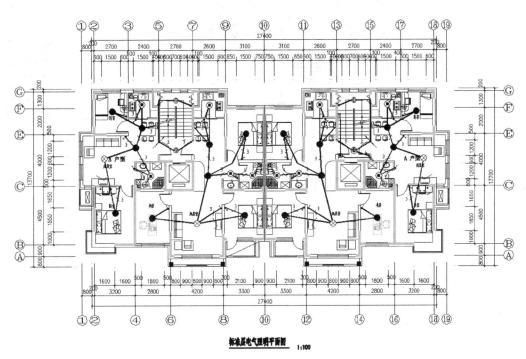

图 5-52 复制得到另外其他单元的标准层照明平面图

（5）插入图框，完成首层和标准层的电气照明平面图

操作方法：可以将首层和标准层的电气照明平面图放在一张图框中。

操作命令：INSERT、MOVE、ZOOM、SAVE 等。

命令:ZOOM

指定窗口的角点,输入比例因子(nX 或 nXP),或者[全部(A)/中心(C)/动态(D)/范围(E)/上一个(P)/比例(S)/窗口(W)/对象(O)]<实时>:E

操作示意如图 5-53 所示。

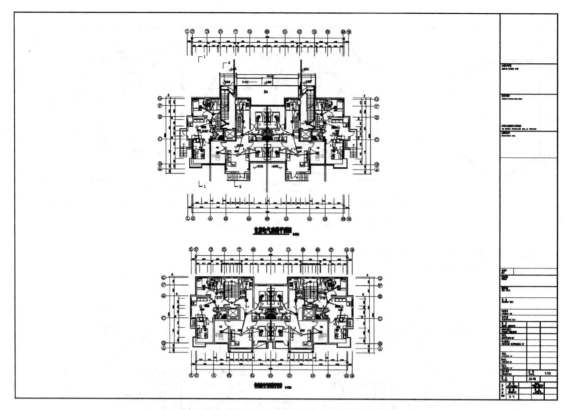

图 5-53　首层和标准层的电气照明平面图

5.2　建筑电气插座系统绘制

5.2.1　插座系统的图例绘制

常用的开关图例造型包括三相四孔插座、单相二孔插座等。

（1）绘制一个半径为 250mm 的圆形

操作方法：先绘制一个插座造型。

操作命令：CIRCLE。

操作示意如图 5-54 所示。

（2）绘制四根水平直线

操作方法：使用 LINE 命令绘制直线，直线为平行线。

操作命令：LINE、OFFSET。

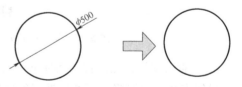

图 5-54　绘制一个半径为 250mm 的圆形

```
命令:LINE
指定第一点:
指定下一点或[放弃(U)]:<正交开>
指定下一点或[放弃(U)]:
```

命令:OFFSET

当前设置:删除源=否,图层=源,OFFSETGAPTYPE=0

指定偏移距离或[通过(T)/删除(E)/图层(L)]<通过>:85

选择要偏移的对象或[退出(E)/放弃(U)]<退出>:

指定要偏移的那一侧上的点或[退出(E)/多个(M)/放弃(U)]<退出>:

选择要偏移的对象或[退出(E)/放弃(U)]<退出>:

操作示意如图5-55所示。

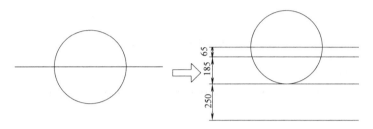

图5-55 绘制四根水平直线

（3）绘制一根竖直直线并对相关线条进行修剪

操作方法：使用 TRIM 命令绘制直线，直线位置通过圆形中心位置。

操作命令：LINE、TRIM。

命令:TRIM

当前设置:投影=UCS,边=无

选择剪切边...

选择对象或<全部选择>:找到一个

选择对象:

选择要修剪的对象,或按住Shift键选择要延伸的对象,或[栏选(F)/窗交(C)/投影(P)/边(E)/删除(R)/放弃(U)]:

选择要修剪的对象,或按住Shift键选择要延伸的对象,或[栏选(F)/窗交(C)/投影(P)/边(E)/删除(R)/放弃(U)]:

操作示意如图5-56所示。

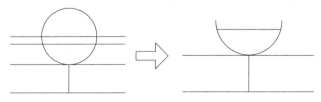

图5-56 绘制一根竖直直线

（4）从半圆两侧绘制两条直线

操作方法：直线垂直于底面水平直线，然后进行剪切和删除多余的直线。

操作命令：LINE、TRIM、ERASE 等。

命令:ERASE

选择对象:找到一个

选择对象:找到一个,总计两个

选择对象:

操作示意如图 5-57 所示。

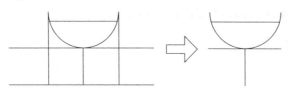

图 5-57 从半圆两侧绘制两条直线

（5）对线条进行加粗

操作方法：可以使用 PEDIT 和 BHATCH 命令对直线和弧线线条同时加粗。

操作命令：PEDIT、BHATCH。

命令:PEDIT

选择多段线或[多条(M)]:M

选择对象:指定对角点:找到三个

选择对象:

是否将直线、圆弧和样条曲线转换为多段线？[是(Y)/否(N)]？<Y>Y

输入选项[闭合(C)/打开(O)/合并(J)/宽度(W)/拟合(F)/样条曲线(S)/非曲线化(D)/线型生成(L)/反转(R)/放弃(U)]:W

指定所有线段的新宽度:15

输入选项[闭合(C)/打开(O)/合并(J)/宽度(W)/拟合(F)/样条曲线(S)/非曲线化(D)/线型生成(L)/反转(R)/放弃(U)]:

命令:BHATCH

拾取内部点或[选择对象(S)/删除边界(B)]:正在选择所有对象...

正在选择所有可见对象...

正在分析所选数据...

正在分析内部孤岛...

拾取内部点或[选择对象(S)/删除边界(B)]:

操作示意如图 5-58 所示。

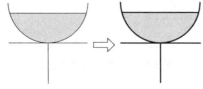

图 5-58 对线条进行加粗

（6）快速绘制不同类型插座造型

操作方法：使用 PLINE 功能命令直接绘制粗线条，并通过 TRIM 功能命令选择为圆形内直线作为边界剪切即可得到造型。

操作命令：PLINE、TRIM。

```
命令:PLINE
指定起点:
当前线宽为0.0000
指定下一点或[圆弧(A)/半宽(H)/长度(L)/放弃(U)/宽度(W)]:W
指定起点宽度<0.0000>:15
指定端点宽度<15.0000>:15
指定下一点或[圆弧(A)/半宽(H)/长度(L)/放弃(U)/宽度(W)]:
指定下一点或[圆弧(A)/闭合(C)/半宽(H)/长度(L)/放弃(U)/宽度(W)]:
```

操作示意如图5-59所示。

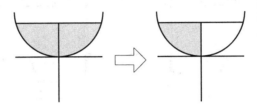

图5-59　快速绘制不同类型插座造型

（7）快速绘制其他类型插座造型。

操作方法：将所绘制的各种插座符号保存，作为电气专业CAD图库备用。

操作命令：PLINE、MIRROR、ROTATE、MOVE、ERASE、TRIM等。

```
命令:MIRROR
选择对象:找到一个
指定镜像线的第一点:
指定镜像线的第二点:
要删除源对象吗?[是(Y)/否(N)]<N>:N
命令:ROTATE
UCS当前的正角方向:ANGDIR=逆时针,ANGBASE=0
选择对象:找到一个
指定基点:
指定旋转角度或[复制(C)/参照(R)]<0>:-30
```

操作示意如图5-60所示。

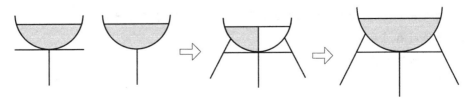

图5-60　快速绘制其他类型插座造型

5.2.2 插座系统的首层平面图绘制

（1）调用首层住宅建筑平面图

操作方法：同5.1.2节。调用首层住宅建筑平面图如图5-61所示。

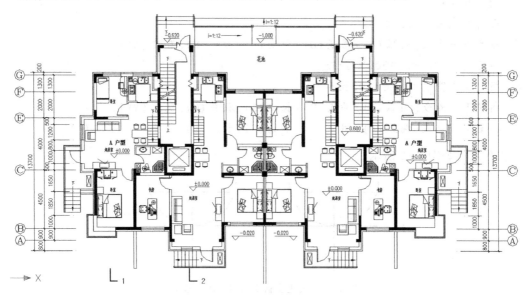

图5-61 调用首层住宅建筑平面图

（2）绘制入口电箱造型

操作方法：配电箱采用电气照明平面图所绘制的图形，其位置、大小及数量与照明平面图中一致。

操作命令：PLINE、BHATCH、LINE、COPY 等。

```
命令：PLINE
指定起点：
当前线宽为0.0000
指定下一点或[圆弧(A)/半宽(H)/长度(L)/放弃(U)/宽度(W)]:W
指定起点宽度<0.0000>:60
指定端点宽度<60.0000>:
指定下一点或[圆弧(A)/半宽(H)/长度(L)/放弃(U)/宽度(W)]:
指定下一点或[圆弧(A)/闭合(C)/半宽(H)/长度(L)/放弃(U)/宽度(W)]:
命令：BHATCH
拾取内部点或[选择对象(S)/删除边界(B)]:正在选择所有对象...
正在选择所有可见对象...
正在分析所选数据...
正在分析内部孤岛...
拾取内部点或[选择对象(S)/删除边界(B)]:
```

操作示意如图 5-62 所示。

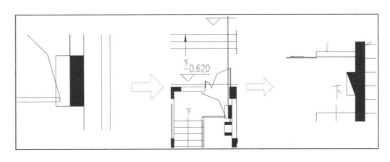

图 5-62　绘制入口电箱造型

（3）绘制电源进户线

操作方法：使用 PLINE 等命令绘制电源进户线，电源进户线的位置、大小及数量与照明平面图中一致。

操作命令：PLINE、LENGTHEN、TRIM、PROPERTIES、LINETYPE 等。

命令：LENGTHEN
选择对象或［增量(DE)/百分数(P)/全部(T)/动态(DY)］：
当前长度:1519.2858
选择对象或［增量(DE)/百分数(P)/全部(T)/动态(DY)］:DE
输入长度增量或［角度(A)］<0.0000>:50
选择要修改的对象或［放弃(U)］：
选择要修改的对象或［放弃(U))：
命令:TRIM
当前设置:投影=UCS,边=无
选择剪切边...
选择对象或<全部选择>:找到一个
选择对象:
　　选择要修剪的对象,或按住 Shift 键选择要延伸的对象,或［栏选(F)/窗交(C)/投影
(P)/边(E)/删除(R)/放弃(U)］：
　　选择要修剪的对象,或按住 Shift 键选择要延伸的对象,或［栏选(F)/窗交(C)/投影
(P)/边(E)/删除(R)/放弃(U)］：

（4）在卧室内布置插座造型

操作方法：插座造型直接使用前面有关章节所绘制的图形，若大小不合适，可以通过缩放进行调整。

操作命令：INSERT、COPY、MOVE、MIRROR 等。

命令:COPY
选择对象:找到一个
选择对象:

当前设置:复制模式=多个

指定基点或[位移(D)/模式(O)]<位移>:

指定第二个点或<使用第一个点作为位移>:

指定第二个点或[退出(E)/放弃(U)]<退出>:

······

指定第二个点或[退出(E)/放弃(U)]<退出>:

命令:MIRROR

选择对象:指定对角点:找到两个

选择对象:

指定镜像线的第一点:

指定镜像线的第二点:

要删除源对象吗?[是(Y)/否(N)]<N>:

操作示意如图 5-63 所示。

（5）在客厅等其他房间继续进行插座布置

操作方法：插座数量和位置按设计确定，插座造型直接使用前面有关章节所绘制的图形，若大小不合适，可以通过缩放进行调整。

操作命令：COPY、MOVE、MIRROR 等。

操作示意如图 5-64 所示。

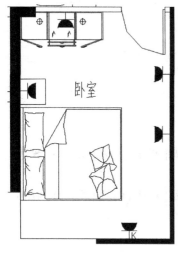

图 5-63　在卧室内布置
插座造型

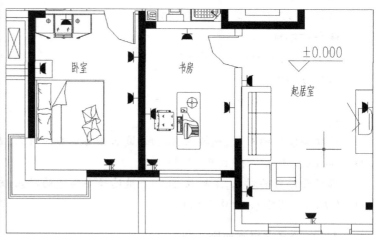

图 5-64　在客厅等其他房间继续进行插座布置

（6）布置卫生间的插座和排风扇造型

操作方法：使用 CIRCLE 等命令绘制卫生间的插座，注意卫生间的插座与其他房间的插座有所不同。

操作命令：CIRCLE、OFFSET、TRIM、MIRROR、LINE、ROTATE、CHAMFER 等。

命令:CHAMFER

("修剪"模式)当前倒角距离1=0.0000,距离2=0.0000

选择第一条直线或[放弃(U)/多段线(P)/距离(D)/角度(A)/修剪(T)/方式(E)/多个(M)]:

选择第二条直线或按住Shift键选择要应用角点的直线

操作示意如图5-65所示。

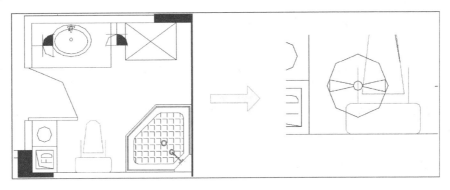

图 5-65 布置卫生间的插座和排风扇造型

（7）在另外一个卫生间和厨房布置相应的插座造型，同时在客厅等房间布置空调插座造型

操作方法：空调插座造型带"K"字母造型。

操作命令：MTEXT、COPY等。

命令:MTEXT

当前文字样式:"Standard",文字高度:650,注释性:否

指定第一角点:

指定对角点或[高度(H)/对正(J)/行距(L)旋转(R)/样式(S)/宽度(W)/栏(C)]:

操作示意如图5-66所示。

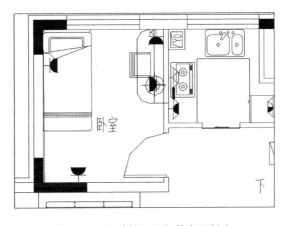

图 5-66 在其他卫生间等布置插座

（8）进行插座布线

操作方法：使用 PLINE 和 EXTEND 等命令绘制导线，先从总配电箱引线至户型配电箱，然后布置其他房间的插座连接线。

操作命令：PLINE、TRIM、LENGTHEN、EXTEND 等。

> 命令:EXTEND
>
> 当前设置:投影=UCS,边=无
>
> 选择边界的边 ...
>
> 选择对象或<全部选择>:找到一个
>
> 选择对象:
>
> 选择要延伸的对象,或按住 Shift 键选择要修剪的对象,或[栏选(F)/窗交(C)/投影(P)/边(E)/放弃(U)]:
>
> 选择要延伸的对象,或按住 Shift 键选择要修剪的对象,或[栏选(F)/窗交(C)/投影(P)/边(E)/放弃(U)]:

操作示意如图 5-67 所示。

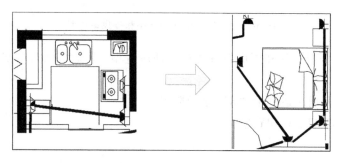

图 5-67　进行插座布线

（9）对各个房间空调插座和卫生间、厨房插座进行布线

操作方法：使用 PLINE 等命令绘制导线，空调插座和卫生间、厨房插座线条采用虚线表示，以示区别。

操作命令：PLINE、LENGTHEN、TRIM、PROPERTIES、LINETYPE 等。

> 命令:PLINE
>
> 指定起点:
>
> 当前线宽为 60.0000
>
> 指定起点宽度<60.0000>:50
>
> 指定端点宽度<50.0000>:
>
> 指定下一点或[圆弧(A)/半宽(H)/长度(L)/放弃(U)/宽度(W)]:
>
> 指定下一点或[圆弧(A)/闭合(C)/半宽(H)/长度(L)/放弃(U)/宽度(W)]:
>
> 指定下一点或[圆弧(A)/闭合(C)/半宽(H)/长度(L)/放弃(U)/宽度(W)]:

操作示意如图 5-68 所示。

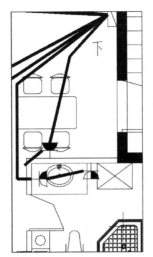

图 5-68　对各个房间空调插座和卫生间、厨房插座进行布线

（10）对线条交叉的地方进行修改

操作方法：使用 RECTANG 命令绘制一个长方形辅助剪切。

操作命令：RECTANG、TRIM、ERASE 等。

命令:RECTANG
指定第一个角点或[倒角(C)/标高(E)/圆角(F)/厚度(T)宽度(W)]:
指定另一个角点或[面积(A)/尺寸(D)/旋转(R)]:
命令:ERASE
选择对象:找到一个
选择对象:找到一个,总计两个
选择对象:

操作示意如图 5-69 所示。

图 5-69　对线条交叉的地方进行修改

（11）创建导线引线

操作方法：移动视图到楼梯间处，使用 PLINE 和 INSERT 等命令从总配电箱绘制导线引向另外一个户型。导线引线造型直接使用前面有关章节所绘制的图形，若大小不合适，可以通过缩放进行调整，其类型和方向根据设计确定。

操作命令：INSERT、PLINE 等。

命令:INSERT
指定插入点或[基点(B)/比例(S)/X/Y/Z/旋转(R)]:
输入比例因子X,指定对角点,或[角点(C)/XYZ(XYZ)]<1>:
值必须为非零
输入比例因子X,指定对角点,或[角点(C)/XYZ(XYZ)]<1>:

操作示意如图 5-70 所示。

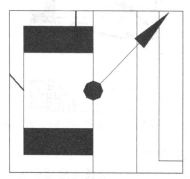

图 5-70　创建导线引线

（12）完成一个户型电气插座平面布置

操作方法：使用 MTEXT 等命令并根据设计要求标注相应的说明文字，限于篇幅，在此从略。

操作命令：ZOOM、MTEXT 等。

命令:ZOOM
指定窗口的角点,输入比例因子(nX 或 nXP),或者[全部(A)/中心(C)/动态(D)/范围(E)/上一个(P)比例(S)/窗口(W)/对象(O)]<实时>:
指定对角点:

操作示意如图 5-71 所示。

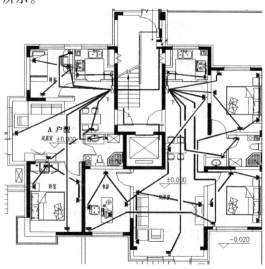

图 5-71　完成一个户型电气插座平面布置

（13）通过镜像得到单元另外户型电气插座平面布置图

操作方法：先锁定其他图层，仅保留电气插座所在图层解锁状态，再选择复制比较快速。同时注意连接总配电箱与进户型线的导线。

操作命令：LAYER、COPY 等。

操作示意如图 5-72 所示。

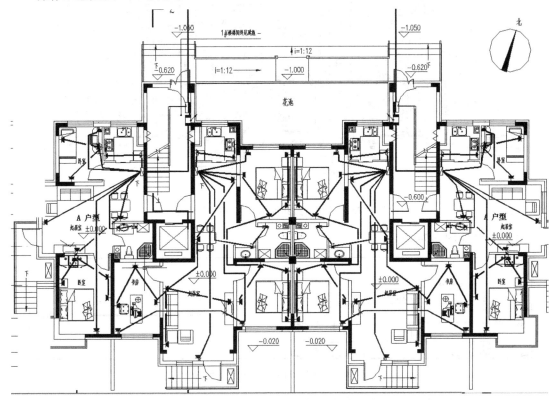

图 5-72 镜像得到对称户型电气插座平面布置图

（14）通过复制得到其他相同单元的户型电气插座平面

操作方法：同样先锁定其他图层，仅保留电气插座所在图层解锁状态，再选择复制比较快速。

操作命令：LAYER、COPY 等。

操作示意如图 5-73 所示。

（15）连接进户线与不同单元配电箱

操作方法：使用 MTEXT 和 TEXT 等命令根据设计要求标注文字说明和图名等。

操作命令：PLINE、MTEXT、TEXT、MOVE、LINE 等。

```
命令:TEXT
当前文字样式:"Standard",文字高度:560,注释性:否
指定第一角点:
指定对角点或[高度(H)/对正(J)/行距(L)/旋转(R)/样式(S)/宽度(W)/栏(C)]:H
指定高度<2.5>:600
指定对角点或[高度(H)/对正(J)/行距(L)/旋转(R)/样式(S)/宽度(W)/栏(C)]:
```

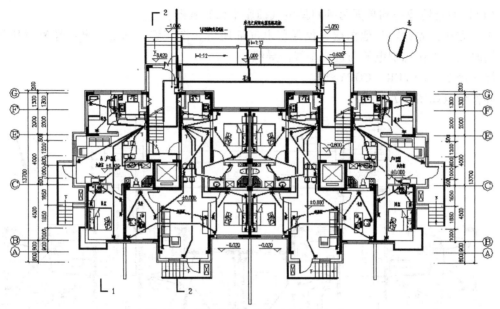

图 5-73 复制得到其他单元电气插座平面

操作示意如图 5-74 所示。

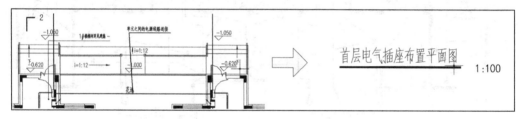

图 5-74 连接进户线与不同单元配电箱

（16）完成首层电气插座平面布置图绘制

操作方法：保存图形文件或打印输出。

操作命令：PLOT、SAVE、ZOOM 等。

> 命令:ZOOM
>
> 指定窗口的角点,输入比例因子(nX 或 nXP),或者[全部(A)/中心(C)动态(D)/范围(E)/上一个(P)/比例(S)/窗口(W)/对象(O)]<实时>:W
>
> 指定第一个角点:指定对角点:

操作示意如图 5-75 所示。

5.2.3 插座系统的标准层平面图绘制

（1）调用标准层住宅建筑平面图

操作方法：住宅建筑标准层平面图一般由建筑专业提供。在使用时，可以删除或关闭不需使用的建筑专业相关图层，使得图面更为简洁。标准层的电气插座布置绘制方法与首层类似，主要区别在于楼梯间入口。绘制方法是先布置其中一个单元户型的插座布置图，此处限于篇幅不做详细论述，仅做概括性介绍，可以参考首层的电气插座布置进行绘制。

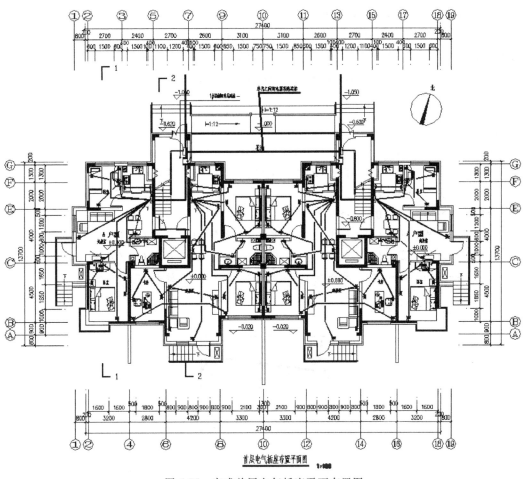

图 5-75 完成首层电气插座平面布置图

操作命令：OPEN、LAYER、PEDIT、PROPERTIES、ERASE 等。操作示意如图 5-76 所示。

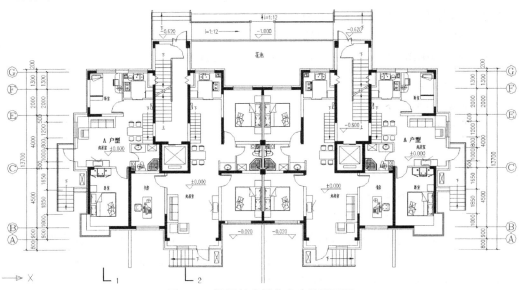

图 5-76 调用标准层住宅建筑平面图

（2）绘制和修改标准层楼梯间电气插座布置

操作方法：与首层的插座布置的主要区别是楼梯间的线路布线，单元配电箱取消，线路走线符号修改一下，同时单元间的电源连接线取消。

操作命令：INSERT、PLINE、TRIM、ROTATE、LINE 等。

```
命令：PLINE
指定起点：
当前线宽为 55.0000
指定下一点或 [圆弧(A)/半宽(H)/长度(L)/放弃(U)/宽度(W)]：W
指定起点宽度<55.0000>：50
指定端点宽度<50.0000>：50
指定下一点或 [圆弧(A)/半宽(H)/长度(L)/放弃(U)/宽度(W)]：
指定下一点或 [圆弧(A)/闭合(C)/半宽(H)/长度(L)/放弃(U)/宽度(W)]：
指定下一点或 [圆弧(A)/闭合(C)/半宽(H)/长度(L)/放弃(U)/宽度(W)]：
```

操作示意如图 5-77 所示。

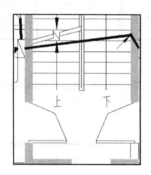

图 5-77　绘制和修改标准层楼梯间电气插座布置

（3）完成标准层电气插座平面布置图绘制

操作方法：保存图形文件或打印输出。

操作命令：MIRROR、COPY、ZOOM、SAVE、PLOT 等。

```
命令：MIRROR
选择对象：找到两个
指定镜像线的第一点：
指定镜像线的第二点：
要删除源对象吗？[是(Y)/否(N)]<N>：
```

操作示意如图 5-78 所示。

（4）在电气插座图中插入图框

操作方法：在电气插座图中可以插入图框，将首层和标准层电气插座平面布置图放置在一张图纸内。图框详细内容和格式按设计要求统一格式，限于篇幅，在此从略。

操作命令：INSERT、MOVE、ZOOM、SAVE 等。

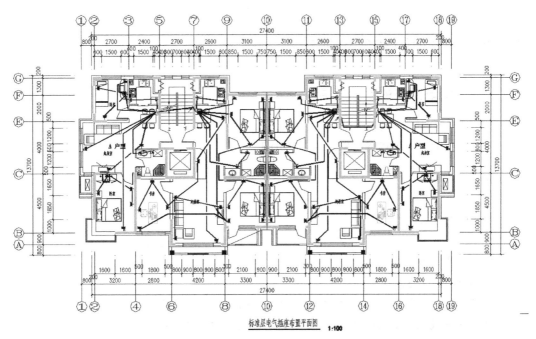

图 5-78　完成标准层电气插座平面布置图

命令：INSERT

指定插入点或[基点(B)/比例(S)/X/Y/Z/旋转(R)]：

输入比例因子 X，指定对角点，或[角点(C)/XYZ(XYZ)]<1>：

操作示意如图 5-79 所示。

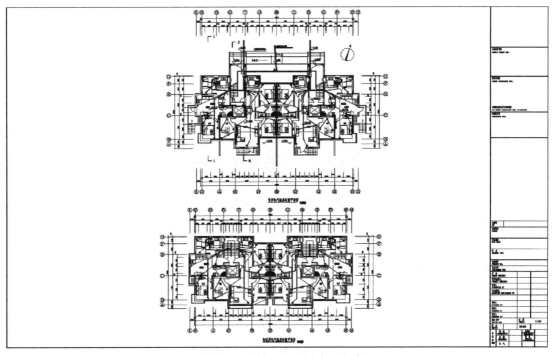

图 5-79　在电气插座图中插入图框

5.3 建筑电气防雷接地系统绘制

5.3.1 防雷接地系统的图例绘制

（1）绘制接地电阻测试卡图例

操作命令：PLINE、OPEN、ERASE、PEDIT 等。

```
命令：PLINE
指定起点：
当前线宽为 25.0000
指定下一点或［圆弧(A)/半宽(H)/长度(L)/放弃(U)/宽度(W)］:W
指定起点宽度(25.0000):65
指定端点宽度(65.0000):65
指定下一点或［圆弧(A)/半宽(H)/长度(L)/放弃(U)/宽度(W)］:
指定下一点或［圆弧(A)/闭合(C)/半宽(H)/长度(L)/放弃(U)/宽度(W)］:
指定下一点或［圆弧(A)/闭合(C)/半宽(H)/长度(L)/放弃(U)/宽度(W)］:
```

操作示意如图 5-80 所示。

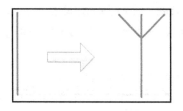

图 5-80　接地电阻测试卡图例

（2）绘制等电位端子箱

操作命令：RECTANG、MTEXT、OPEN、ERASE、PEDIT 等。

```
命令：RECTANG
指定第一个角点或［倒角(C)标高(E)/圆角(F)/厚度(T)/宽度(W)］:
指定另一个角点或［面积(A)/尺寸(D)/旋转(R)］:
当前文字样式:"Standard",文字高度:650,注释性:否
指定第一角点：
指定对角点或［高度(H)/对正(J)/行距(L)/旋转(R)/样式(S)/宽度(W)/栏(C)］:
```

操作示意如图 5-81 所示。

图 5-81　等电位端子箱图例

5.3.2　防雷系统的平面图绘制

一般而言，建筑防雷是建筑电气设计中不可缺少的环节，特别是雷电多发地区，防止雷击显得尤为重要。

（1）调用建筑屋面平面图

操作方法：删除多余文字、线条等，并将相关建筑线条设置为细线条。

操作命令：OPEN、ERASE、PEDIT 等。

```
命令:ERASE
选择对象:找到一个
选择对象:找到一个,总计两个
选择对象:找到一个,总计三个
选择对象:
命令:PEDIT
选择多段线或[多条(M)]:M
选择对象:指定对角点:找到两个
选择对象:
输入选项[闭合(C)/打开(O)/合并(J)/宽度(W)/拟合(F)/样条曲线(S)/非曲线化
(D)/线型生成(L)/反转(R)/放弃(U)]:W
指定所有线段的新宽度:0
输入选项[闭合(C)/打开(O)/合并(J)/宽度(W)/拟合(F)/样条曲线(S)/非曲线化
(D)/线型生成(L)/反转(R)/放弃(U)]:
```

操作示意如图 5-82 所示。

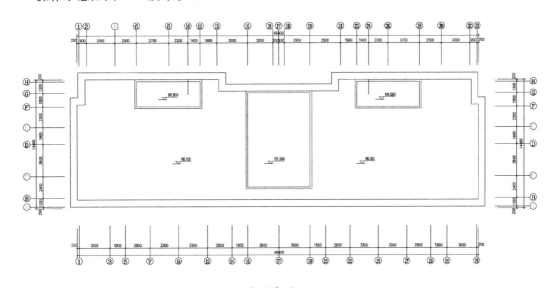

屋面平面图
1:100

图 5-82　调用建筑屋面平面图

（2）沿屋顶平面外侧女儿墙绘制防雷线

操作方法：防雷线线条稍粗些。对于对称屋面平面，可以先绘制其一半图线造型，另外一半通过镜像快速完成。

操作命令：PLINE、CHAMFER、TRIM、EXTEND 等。

```
命令：PLINE
指定起点：
当前线宽为25.0000
指定下一点或[圆弧(A)/半宽(H)/长度(L)/放弃(U)/宽度(W)]:W
指定起点宽度(25.0000):65
指定端点宽度(65.0000):65
指定下一点或[圆弧(A)/半宽(H)/长度(L)/放弃(U)/宽度(W)]:
指定下一点或[圆弧(A)/闭合(C)/半宽(H)/长度(L)/放弃(U)/宽度(W)]:
指定下一点或[圆弧(A)/闭合(C)/半宽(H)/长度(L)/放弃(U)/宽度(W)]:
命令：CHAMFER
("修剪"模式)当前倒角距离1=0.0000,距离2=0.0000
选择第一条直线或[放弃(U)/多段线(P)/距离(D)/角度(A)/修剪(T)/方式(E)/多个(M)]:
选择第二条直线或按住Shift键选择要应用角点的直线：
```

操作示意如图 5-83 所示。

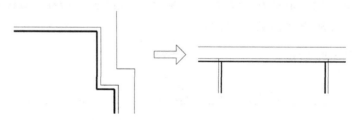

图 5-83　沿屋顶平面外侧女儿墙绘制防雷线

（3）继续进行屋面防雷线绘制

操作方法：在屋面中部位置布置一条屋面防雷线。

操作命令：PLINE、CHAMFER、TRIM、EXTEND 等。

操作示意如图 5-84 所示。

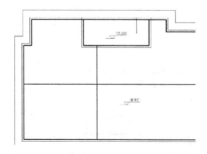

图 5-84　继续进行屋面防雷线绘制

（4）绘制一个"X"造型

操作方法：可以先绘制一个"十"字造型，然后旋转得到"X"造型。

操作命令：LINE、ROTATE、MOVE、COPY 等。

```
命令:LINE
指定第一点:
指定下一点或[放弃(U)]:
指定下一点或[放弃(U)]:
命令:ROTATE
UCS 当前的正角方向:ANGDIR=逆时针,ANGBASE=0
选择对象:指定对角点:找到两个
选择对象:
指定基点:
指定旋转角度或[复制(C)/参照(R)]<77>:45
```

操作示意如图 5-85 所示。

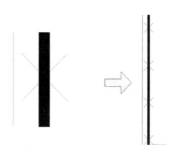

图 5-85 绘制一个"X"造型

（5）按一定间距进行"X"造型复制

操作方法：使用 COPY 命令复制"X"造型，"X"造型的间距大小视图面大小确定。

操作命令：COPY、MOVE 等。

```
命令:COPY
选择对象:找到一个
选择对象:找到一个,总计两个
选择对象:
当前设置:复制模式=多个
指定基点或[位移(D)/模式(O)]<位移>:
指定第二个点或<使用第一个点作为位移>:
指定第二个点或[退出(E)/放弃(U)]<退出>:
……
指定第二个点或[退出(E)/放弃(U)]<退出>:
```

操作示意如图 5-86 所示。

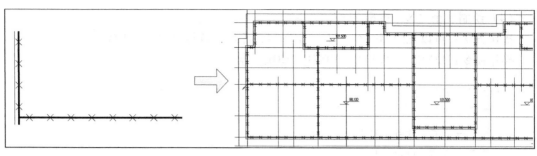

图 5-86　按一定间距进行"X"造型复制

（6）完成全部的防雷线"X"造型绘制

操作方法：使用 MIRROR 命令镜像得到另外一侧造型，若不对称，可通过复制完成。

操作命令：COPY、MOVE、MIRROR 等。

命令:MIRROR

选择对象:指定对角点:找到 12 个

选择对象:指定对角点:找到 11 个,总计 23 个

选择对象:指定对角点:找到 75 个(6 个重复),总计 92 个

选择对象:

指定镜像线的第一点:

指定镜像线的第二点:

要删除源对象吗？［是(Y)/否(N)］<N>:N

操作示意如图 5-87 所示。

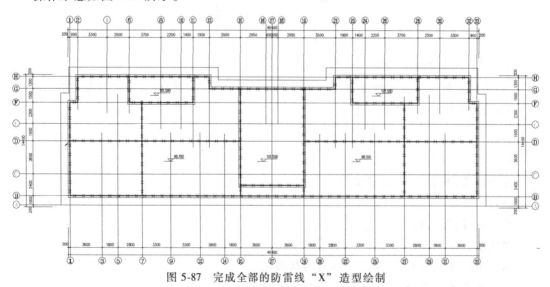

图 5-87　完成全部的防雷线"X"造型绘制

（7）在屋面四个角点位置创建防雷引线指示方向线

操作方法：可以使用前面有关章节所绘制的箭头造型，也可以先绘制一个小圆形，再利用 PLINE 功能命令绘制一个箭头造型，通过旋转得到。

操作命令：CIRCLE、LINE、PLINE、BHATCH、COPY、MOVE、ROTATE 等。

```
命令:CIRCLE
指定圆的圆心或[三点(3P)/两点(2P)/切点、切点、半径(T)]:
指定圆的半径或[直径(D)]:
命令:PLINE
指定起点:
当前线宽为65.0000
指定下一点或[圆弧(A)/半宽(H)/长度(L)/放弃(U)/宽度(W)]:W
指定起点宽度<65.0000>:80
指定端点宽度<80.0000>:0
指定下一点或[圆弧(A)/半宽(H)/长度(L)/放弃(U)/宽度(W)]:
指定下一点或[圆弧(A)/闭合(C)/半宽(H)/长度(L)/放弃(U)/宽度(W)]:
```

操作示意如图 5-88 所示。

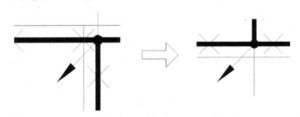

图 5-88　在屋面四个角点位置创建防雷引线指示方向线

（8）标注相应的说明文字

操作方法：使用 MTEXT 和 LINE 等命令标注相应文字，需要标注的说明文字内容根据设计确定，其他一些内容标注方法相同。

操作命令：LINE、MTEXT、TEXT、MOVE 等。

```
命令:LINE
指定第一点:
指定下一点或[放弃(U)]:
指定下一点或[闭合(C)/放弃(U)]:
命令:MTEXT
当前文字样式"Standard",文字高度:650,注释性:否
指定第一角点:
指定对角点或[高度(H)/对正(J)/行距(L)/旋转(R)/样式(S)/宽度(W)/栏(C)]:
```

操作示意如图 5-89 所示。

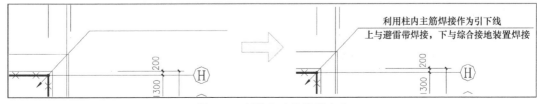

图 5-89　标注相应的说明文字

（9）标注图纸名称，完成整个屋面防雷布置平面图绘制

操作方法：插入图框，打印输出，具体操作从略。

操作命令：MTEXT、TEXT、PLINE、LINE、ZOOM、SAVE 等。

> 命令:TEXT
>
> 当前文字样式:"Standard",文字高度:650.0000,注释性:否
>
> 指定文字的起点或[对正(J)/样式(S)]:
>
> 指定高度<650.0000>:900
>
> 指定文字的旋转角度<0>:0

操作示意如图 5-90 所示。

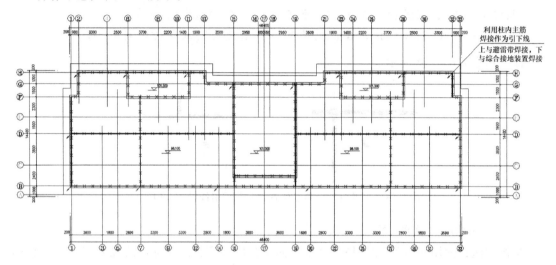

图 5-90　完成屋面防雷布置平面图

5.3.3　接地系统的平面图绘制

建筑接地是与建筑防雷、过电压保护、防静电等安全措施配套的建筑电气设计环节中的重要部分。

（1）调用建筑底层平面图

操作方法：使用 ERASE 等命令，删除多余文字、线条等，并将相关建筑线条设置为细线条。

操作命令：OPEN、ERASE、PEDIT 等。

> 命令:ERASE
>
> 选择对象:找到一个
>
> 选择对象:找到一个,总计两个
>
> 选择对象:找到一个,总计三个
>
> 选择对象:

```
命令:PEDIT
选择多段线或[多条(M)]:M
选择对象:指定对角点:找到两个
输入选项[闭合(C)/打开(O)/合并(J)/宽度(W)/拟合(F)/样条曲线(S)/非曲线化
(D)/线型生成(L)/反转(R)/放弃(U)]:W
指定所有线段的新宽度:0
输入选项[闭合(C)/打开(O)/合并(J)/宽度(W)/拟合(F)/样条曲线(S)/非曲线化
(D)/线型生成(L)/反转(R)/放弃(U)]:
```

操作示意如图 5-91 所示。

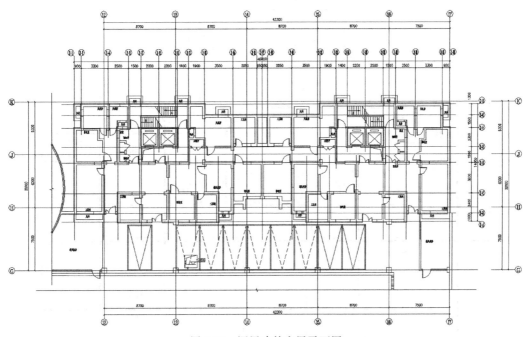

图 5-91　调用建筑底层平面图

（2）沿建筑主体结构绘制接地线

操作方法：接地线线条稍粗些。对于对称屋面平面，可以先绘制其一半图线造型，另外一半通过镜像快速完成，线型选择为 CENTER2。

操作命令：PLINE、CHAMFER、TRIM、EXTEND 等。

```
命令:PLINE
指定起点:
当前线宽为 25.0000
指定下一点或[圆弧(A)/半宽(H)/长度(L)/放弃(U)/宽度(W)]:W
指定起点宽度(25.0000):65
指定端点宽度(65.0000):65
指定下一点或[圆弧(A)/半宽(H)/长度(L)/放弃(U)/宽度(W)]:
```

指定下一点或［圆弧(A)/闭合(C)/半宽(H)/长度(L)/放弃(U)/宽度(W)］：

指定下一点或［圆弧(A)/闭合(C)/半宽(H)/长度(L)/放弃(U)/宽度(W)］：

操作示意如图 5-92、图 5-93 所示。

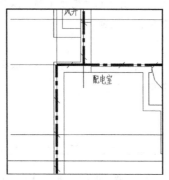

图 5-92　沿建筑主体结构绘制接地线

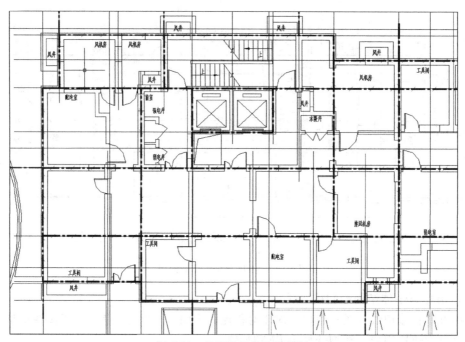

图 5-93　继续进行接地线绘制

（3）绘制一个"/"造型

操作方法：可以先绘制一个"一"字造型，然后旋转得到"/"造型。

操作命令：LINE、ROTATE、MOVE、COPY 等。

命令:LINE

指定第一点:

指定下一点或［放弃(U)］:

命令:ROTATE

UCS 当前的正角方向:ANGDIR=逆时针,ANGBASE=0

选择对象:指定对角点:找到一个

选择对象:

指定基点:

指定旋转角度或[复制(C)/参照(R)]<77>:45

操作示意如图 5-94 所示。

（4）按一定间距进行"/"造型复制

操作方法：使用 COPY 命令复制"/"造型，"/"造型的间距大小视图面大小确定。

操作命令：COPY、MOVE 等。

命令:COPY

选择对象:找到一个

选择对象:找到一个,总计一个

当前设置:复制模式＝多个

指定基点或[位移(D)/模式(O)]<位移>:

指定第二个点或<使用第一个点作为位移>:

指定第二个点或[退出(E)/放弃(U)]<退出>:

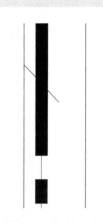

图 5-94　绘制一个"/"造型

操作示意如图 5-95 所示。

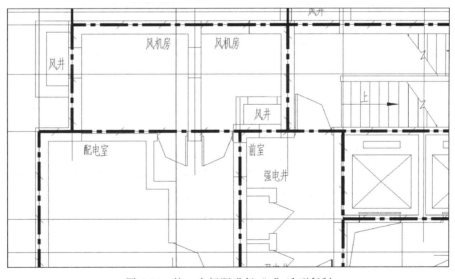

图 5-95　按一定间距进行"/"造型复制

（5）完成全部的接地线"X"造型绘制

操作方法：使用 MIRROR 命令镜像得到另外一侧造型，若不对称，可通过复制完成。

操作命令：COPY、MOVE、MIRROR 等。

命令:MIRROR

选择对象:指定对角点:找到 12 个

选择对象:指定对角点:找到 11 个,总计 23 个

选择对象:指定对角点:找到 75 个(6 个重复),总计 92 个

选择对象:

指定镜像线的第一点:

指定镜像线的第二点:

要删除源对象吗? [是(Y)/否(N)]<N>:N

操作示意如图 5-96 所示。

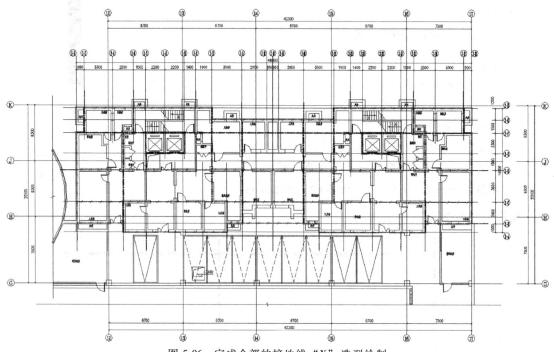

图 5-96　完成全部的接地线"X"造型绘制

（6）在底层四个角点位置创建接地引线指示方向线

操作方法：可以使用前面有关章节所绘制的箭头造型，也可以先绘制一个小圆形，再利用 PLINE 功能命令绘制一个箭头造型，通过平移旋转得到。

操作命令：CIRCLE、LINE、PLINE、BHATCH、COPY、MOVE、ROTATE 等。

命令:CIRCLE

指定圆的圆心或[三点(3P)/两点(2P)/切点、切点、半径(T)]:

指定圆的半径或[直径(D)]:

命令:PLINE

指定起点:

当前线宽为 65.0000

指定下一点或[圆弧(A)/半宽(H)/长度(L)/放弃(U)/宽度(W)]:W

指定起点宽度<65.0000>:80

指定端点宽度<80.0000>:0

指定下一点或[圆弧(A)/半宽(H)/长度(L)/放弃(U)/宽度(W)]:
指定下一点或[圆弧(A)/闭合(C)/半宽(H)/长度(L)/放弃(U)/宽度(W)]:

操作示意如图5-97所示。

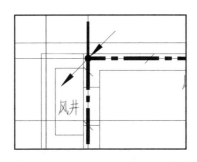

图5-97 创建接地引线指示方向线

(7)标注相应的说明文字

操作方法:需要标注的说明文字内容根据设计确定,其他一些内容标注方法相同。

操作命令:LINE、MTEXT、TEXT、MOVE等。

命令:LINE
指定第一点:
指定下一点或[放弃(U)]:
指定下一点或[放弃(U)]:
指定下一点或[闭合(C)/放弃(U)]:
命令:MTEXT
当前文字样式"Standard",文字高度:650,注释性:否
指定第一角点:
指定对角点或[高度(H)/对正(J)/行距(L)/旋转(R)/样式(S)/宽度(W)/栏(C)]:

操作示意如图5-98所示。

图5-98 标注相应的说明文字

(8)标注图纸名称,完成全部基础接地布置平面图绘制

操作方法:可以插入图框,打印输出,具体操作从略。

操作命令:MTEXT、TEXT、PLINE、LINE、ZOOM、SAVE等。

命令:TEXT

当前文字样式:"Standard",文字高度:650.0000,注释性:否

指定文字的起点或[对正(J)/样式(S)]:

指定高度<650.0000>:900

指定文字的旋转角度<0>:0

操作示意如图5-99所示。

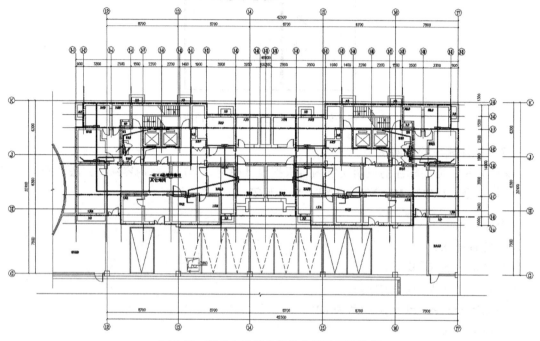

图5-99 完成全部基础接地布置平面图绘制

5.4 建筑强电系统图绘制

建筑强电系统图的类型较多,本节以常见的配电箱电气系统图和电表箱电气系统图作为讲解案例,其他类型的系统图绘制方法类似,可以参考相关绘制方法。

5.4.1 总配电箱电气系统图绘制

(1)绘制总配电箱电气系统图的主干线

操作方法:使用多线功能命令绘制有一定宽度的线条,线条的宽度根据图幅比例(与系统图复杂和大小程度有关)确定,本案例暂定为60个单位。

操作命令:PLINE。

命令:PLINE

指定起点:

当前线宽为10.0000

```
指定下一点或[圆弧(A)/半宽(H)/长度(L)/放弃(U)/宽度(W)]:
指定下一点或[圆弧(A)/闭合(C)/半宽(H)/长度(L)/放弃(U)/宽度(W)]:W
指定起点宽度<10.0000>:60
指定端点宽度<60.0000>:60
指定下一点或[圆弧(A)/闭合(C)/半宽(H)/长度(L)/放弃(U)/宽度(W)]:
指定下一点或[圆弧(A)/闭合(C)/半宽(H)/长度(L)/放弃(U)/宽度(W)]:
```

操作示意如图5-100所示。

图5-100　绘制总配电箱电气系统图的主干线

（2）绘制一个"十"字造型作为系统图的控制开关造型

操作方法：同样采用宽度为60个单位的线条，"十"字线条两个方向的长度一样。

操作命令：PLINE、LENGTHEN、MOVE等。

```
命令:LENGTHEN
选择对象或[增量(DE)/百分数(P)/全部(T)/动态(DY)]:
当前长度:1036.4323
选择对象或[增量(DE)/百分数(P)/全部(T)/动态(DY)]:dy
选择要修改的对象或[放弃(U)]:
指定新端点:
选择要修改的对象或[放弃(U)]:
命令:MOVE
选择对象:找到一个
选择对象:找到一个,总计两个
选择对象:
指定基点或[位移(D)]<位移>:
指定第二个点或<使用第一个点作为位移>:
```

操作示意如图5-101所示。

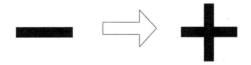

图5-101　绘制一个"十"字造型

（3）旋转十字造型，形成"X"字造型

操作方法：注意旋转角度为45°，然后将"X"字造型移动到主干线上，约2/3处位置。

操作命令：ROTATE、MOVE。

```
命令:ROTATE
UCS当前的正角方向:ANGDIR=逆时针,ANGBASE=0
```

选择对象:指定对角点:找到两个

选择对象:

指定基点:

指定旋转角度或[复制(C)/参照(R)]<90>:45

操作示意如图 5-102 所示。

（4）在"X"字造型交点处绘制一条短粗线

操作方法：短粗线的宽度与其他线条宽度一致，然后向下旋转短粗线。注意旋转基点为短粗线的右端点位置，旋转角度约 30°。

操作命令：PLINE、LENGTHEN、ROTATE。

操作示意如图 5-103 所示。

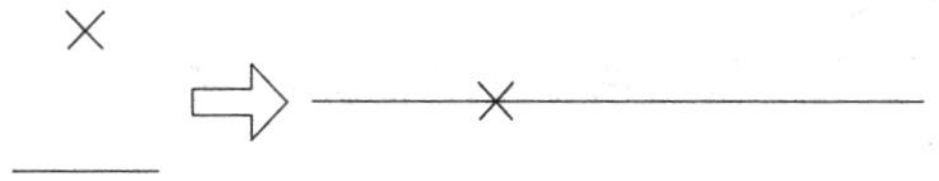

图 5-102　旋转十字形成"X"字造型 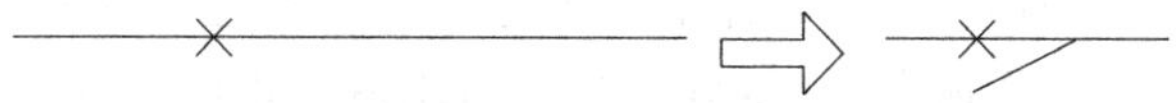　　　　　　　图 5-103　绘制一条短粗线并旋转

（5）对相关线条进行剪切，形成控制开关造型

操作方法：先绘制两条辅助线，然后进行剪切。

操作命令：LINE、OFFSET、TRIM、ERASE 等。

命令:LINE

指定第一点:

指定下一点或[放弃(U)]:

指定下一点或[放弃(U)]:

命令:OFFSET

当前设置:删除源=否,图层=源,OFFSETGAPTYPE=0

指定偏移距离或[通过(T)/删除(E)/图层(L)]<通过>:200

选择要偏移的对象或[退出(E)/放弃(U)]<退出>:

指定要偏移的那一侧上的点或[退出(E)/多个(M)/放弃(U)]<退出>:

选择要偏移的对象或[退出(E)/放弃(U)]<退出>:

命令:TRIM

当前设置:投影=UCS,边=无

选择剪切边…

选择对象或<全部选择>:找到一个

选择对象:

选择要修剪的对象,或按住Shift键选择要延伸的对象,或[栏选(F)/窗交(C)/投影(P)/边(E)/删除(R)/放弃(U)]:

命令:ERASE

选择对象:找到一个

选择对象:指定对角点:找到两个,总计三个

选择对象:

操作示意如图 5-104 所示。

（6）创建线条形成主干线的接地造型符号

操作方法：绘制一条竖直方向的短粗线，然后等间距绘制三条长短递减的水平短线。

操作命令：PLINE、LENGTHEN、MOVE 等。

操作示意如图 5-105 所示。

图 5-104　进行剪切形成控制开关造型　　　　　图 5-105　创建主干线接地造型

（7）绘制系统图的分支线路线造型

操作方法：通过主干线的右端点绘制竖直方向的直线，然后按主干线的绘制方法，绘制系统图的分支线路造型。竖直方向的直线长度按系统图分支数量确定。

操作命令：PLINE、MOVE、TRIM、ROTATE 等（功能命令操作提示参考前面相关命令）。

操作示意如图 5-106 所示。

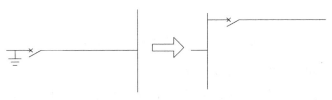

图 5-106　绘制系统图的分支线路线造型

（8）对绘制系统图的分支线路线造型进行复制

操作方法：使用 COPY 命令复制，复制的数量按系统图设计要求确定。

操作命令：COPY、MOVE 等。

```
命令:COPY
选择对象:找到一个
选择对象:找到一个,总计两个
选择对象:指定对角点:找到两个,总计四个
当前设置:复制模式=多个
指定基点或[位移(D)/模式(O)]<位移>:
指定第二个点或<使用第一个点作为位移>:
指定第二个点或[退出(E)/放弃(U)]<退出>:
......
```

操作示意如图 5-107 所示。

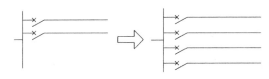

图 5-107　复制分支线路线造型

（9）在各分支线路依次标注相应的说明和注解文字

操作方法：使用 MTEXT 命令标准文字，需要标注的说明和注解文字内容按电气设计要求确定。

操作命令：MTEXT、MOVE、COPY 等。

命令:MTEXT

当前文字样式:"Standard",文字高度:150,注释性:否

指定第一角点:

指定对角点或[高度(H)对正(J)/行距(L)旋转(R)/样式(S)/宽度(W)/栏(C)]:

操作示意如图 5-108 所示。

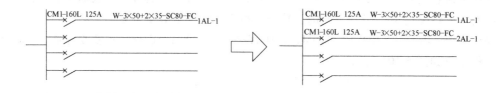

图 5-108　标注相应的说明和注解文字

（10）继续标注相应的说明和注解文字

操作方法：使用 MTEXT 命令标注文字，标注的文字包括主干线的部分内容。更为详细的文字标注根据工程实际要求进行。

操作命令：MTEXT、MOVE、COPY 等。

操作示意如图 5-109 所示。

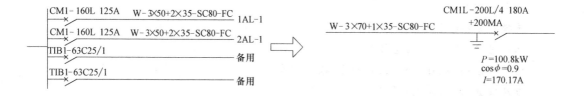

图 5-109　继续标注相应的说明和注解文字

（11）标注图纸名称，完成总配电箱电气系统图绘制

操作方法：缩放视图，观察图形，并及时保存。

操作命令：TEXT、MTEXT、ZOOM 等。

命令:TEXT

当前文字样式:"Standard",文字高度:2.5000,注释性:否

指定文字的起点或[对正(J)/样式(S)]:

指定高度(2.5000):650

指定文字的旋转角度(0):0

命令:ZOOM

指定窗口的角点,输入比例因子(nX 或 nXP),或者[全部(A)/中心(C)/动态(D)/范围(E)/上一个(P)/比例(S)/窗口(W)/对象(O)]<实时>:E

正在重生成模型

操作示意如图 5-110 所示。

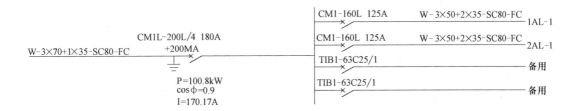

总配电箱系统图

图 5-110　完成总配电箱电气系统图绘制

5.4.2　电表箱电气系统图绘制

(1)绘制电表箱电气系统图的主干线和控制开关造型

操作方法:使用 PLINE 命令绘制具有宽度的线条。

操作命令:PLINE、ROTATE,MOVE、TRIM 等。

命令:PLINE

指定起点:

当前线宽为 0.0000

指定下一点或[圆弧(A)/半宽(H)/长度(L)/放弃(U)/宽度(W)]:W

指定起点宽度<0.0000>:55

指定端点宽度<55.0000>:55

指定下一点或[圆弧(A)/半宽(H)/长度(L)/放弃(U)/宽度(W)]:

指定下一点或[圆弧(A)/闭合(C)/半宽(H)/长度(L)/放弃(U)/宽度(W)]:

指定下一点或[圆弧(A)/闭合(C)/半宽(H)/长度(L)/放弃(U)/宽度(W)]:

命令:ROTATE

UCS 当前的正角方向:ANGDIR=逆时针,ANGBASE=0

选择对象:找到一个

选择对象:找到一个,总计两个

选择对象:

指定基点:

指定旋转角度或[复制(C)/参照(R)]<0>:45

操作示意如图 5-111 所示。

（2）绘制电表箱电气系统图的分支线
路线造型。

操作方法：通过电表箱电气系统图主
干线的右端点绘制竖直方向的直线，然后

图 5-111　绘制主干线和控制开关造型

按主干线的绘制方法，绘制电表箱电气系统图的分支线路线造型。竖直方向的直线长度，按
电表箱电气系统图分支数量确定。

操作命令：PLINE、MOVE、TRIM、ROTATE 等。

```
命令:TRIM
当前设置:投影=UCS,边=无
选择剪切边…
选择对象或<全部选择>:找到一个
选择对象:
选择要修剪的对象,或按住 Shift 键选择要延伸的对象,或[栏选(F)/窗交(C)/投影
(P)/边(E)/删除(R)/放弃(U)]:
选择要修剪的对象,或按住 Shift 键选择要延伸的对象,或[栏选(F)/窗交(C)/投影
(P)/边(E)/删除(R)/放弃(U)]:
```

操作示意如图 5-112 所示。

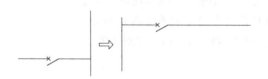

图 5-112　绘制电表箱电气系统图的分支线路线造型

（3）在支线线路上绘制电表造型

操作方法：创建一个长方形并标注相应的说明文字。

操作命令：RECTANG、LINE、MOVE、TRIM、TEXT 等。

```
命令:RECTANG
指定第一个角点或[倒角(C)/标高(E)/圆角(F)/厚度(T)/宽度(W)]:
指定另一个角点或[面积(A)/尺寸(D)/旋转(R)]:
命令:TEXT
当前文字样式:"Standard",文字高度:650.0000,注释性:否
指定文字的起点或[对正(J)/样式(S)]:
指定高度<650.0000>:700
指定文字的旋转角度<0>:0
```

操作示意如图 5-113 所示。

图 5-113 绘制电表造型

（4）进行支线线路复制

操作方法：支线线路之间保持一定的间距，以方便标注支线线路的说明文字。需要复制的支线线路数量，按系统图设计确定。

操作命令：COPY、MTEXT、MOVE 等。

> 命令:COPY
> 选择对象:找到一个
> 选择对象:指定对角点:找到两个,总计三个
> 选择对象:
> 当前设置:复制模式＝多个
> 指定基点或[位移(D)/模式(O)]<位移>:
> 指定第二个点或<使用第一个点作为位移>:
> 指定第二个点或[退出(E)/放弃(U)]<退出>:
> ……
> 命令:MTEXT
> 当前文字样式:"Standard",文字高度:700,注释性:否
> 指定第一角点:
> 指定对角点或[高度(H)/对正(J)/行距(L)/旋转(R)/样式(S)/宽度(W)/栏(C)]:

操作示意如图 5-114 所示。

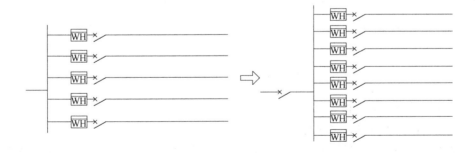

图 5-114 进行支线线路复制

（5）在最底部的支线线路下部绘制次一级支线线路

操作方法：使用 PLINE 命令绘制一级支线线路。至于是否有次一级支线线路根据系统设计确定。

操作命令：PLINE、ROTATE、TRIM、MOVE 等（功能命令操作提示参考前面相关命令）。

操作示意如图 5-115 所示。

图 5-115　绘制次一级支线线路

（6）在相应的线路上标注相应的说明文字

操作方法：使用 TEXT 和 MOVE 等命令标注文字，标注的文字内容根据系统设计和计算确定。

操作命令：TEXT、MTEXT、COPY、MOVE 等。

> 命令:MOVE
> 选择对象:指定对角点:找到 11 个
> 选择对象:
> 指定基点或［位移(D)］<位移>:
> 指定第二个点或<使用第一个点作为位移>:

操作示意如图 5-116 所示。

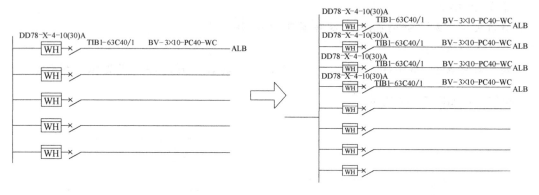

图 5-116　在相应的线路上标注相应的说明文字

（7）继续在线路上标注相应的说明文字

操作方法：在主干线进行文字标注。

操作命令：TEXT、MTEXT、COPY、MOVE 等（功能命令操作提示参考前面相关命令）。

操作示意如图 5-117 所示。

（8）标注图纸名称，完成电表箱电气系统图绘制

操作方法：缩放视图，观察图形，并及时保存。

操作命令：TEXT、MTEXT、ZOOM、SAVE 等。

> 命令:ZOOM
> 指定窗口的角点,输入比例因子(nX 或 nXP),或者［全部(A)/中心(C)/动态(D)/范围(E)/上一个(P)/比例(S)/窗口(W)/对象(O)］<实时>:A

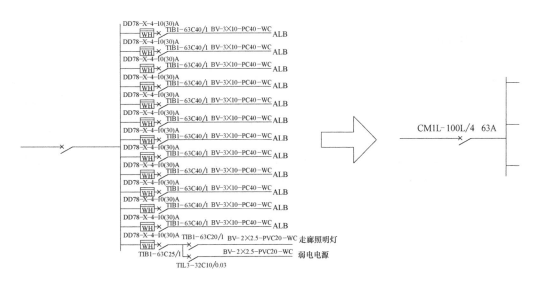

图 5-117 继续在线路上标注相应的说明文字

操作示意如图 5-118 所示。

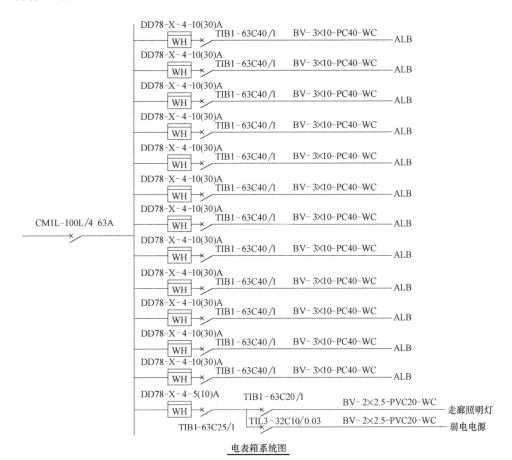

图 5-118 完成电表箱电气系统图绘制

5.5　本章小结

　　本章内容是围绕绘制建筑电气强电系统施工图展开。5.1节介绍了照明系统中常用灯具、开关、导线、配电箱等图例的画法，同时介绍了底层及标准层照明平面图绘制方法。5.2节中给出了插座系统的常用图例画法，底层及标准层插座平面图的绘制方法。5.3节介绍的是建筑防雷系统平面图和接地系统平面图的绘制思路。5.4节详细说明了建筑总配电箱电气系统图和电表箱电气系统图的绘制方法。读者可以通过学习本章实例中的方法，将其扩展到绘制其他建筑工程的强电系统施工图中去。

第6章

建筑电气弱电系统绘制

【学习目标】

- 了解建筑电气弱电系统中常用的设备、器件及其符号。
- 掌握有线电视系统平面图及系统图的绘制方法。
- 掌握电话和网络综合布线系统平面图及系统图的绘制方法。
- 掌握消防报警系统平面图及系统图的绘制方法。
- 掌握可视对讲系统平面图及系统图的绘制方法。

6.1 有线电视系统绘制

6.1.1 有线电视系统的图例绘制

下面介绍绘制电视网络插座造型图例的方法。

操作方法：直接使用 PLINE 绘制有宽度的线。

操作命令：PLINE、CHAMFER、TRIM、TEXT、MOVE 等。

```
命令:PLINE
指定起点:
当前线宽为 60.0000
指定下一点或[圆弧(A)/半宽(H)/长度(L)/放弃(U)/宽度(W)]:W
指定起点宽度<60.0000>:15
指定端点宽度<15.0000>:15
指定下一点或[圆弧(A)/半宽(H)/长度(L)/放弃(U)/宽度(W)]:
指定下一点或[圆弧(A)/闭合(C)/半宽(H)/长度(L)/放弃(U)/宽度(W)]:
命令:TEXT
当前文字样式:"Standard",文字高度:2.5000,注释性:否
指定文字的起点或[对正(I)/样式(S)]:
指定高度<2.5000>:650
指定文字的旋转角度<0>:0
```

操作示意如图 6-1 所示。

6.1.2 有线电视系统的平面图绘制

（1）调用首层住宅建筑平面图

操作方法：住宅建筑首层平面图一般由建筑专业提供，其绘制方法限于篇幅在此从略。在使用时，可以删除或关闭不需使用的建筑专业相关图层，使得图面更为简洁。注意建筑底图的线条改为细线、灰色线条更好。

图 6-1 绘制电视网络插座造型图例

操作命令：OPEN、PEDIT、PROPERTIES 等（其他功能命令为对话框操作）。

```
命令:PEDIT
选择多段线或[多条(M)]:M
选择对象:指定对角点:找到 51 个
选择对象:
输入选项[闭合(C)/打开(O)/合并(J)/宽度(W)/拟合(F)/样条曲线(S)/非曲线化
(D)/线型生成(L)/反转(R)/放弃(U)]:W
指定所有线段的新宽度:0
输入选项[闭合(C)/打开(O)/合并(J)/宽度(W)/拟合(F)/样条曲线(S)/非曲线
(D)/线型生成(L)/反转(R)/放弃(U)]:
```

操作示意如图 6-2 所示。

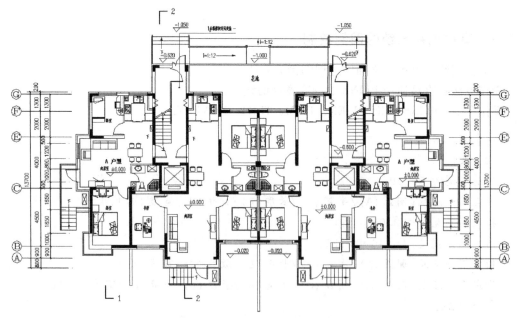

图 6-2 调用首层住宅建筑平面图

（2）进行电视网络插座布置

操作方法：使用以下命令布置电视网络，具体位置根据设计定位确定。

操作命令：COPY、MIRROR、MOVE 等。

命令:MIRROR

选择对象:找到一个

选择对象:找到一个,总计两个

选择对象:

指定镜像线的第一点:

指定镜像线的第二点:

要删除源对象吗?[是(Y)/否(N)]<N>:N

命令:MOVE

选择对象:找到一个

选择对象:找到一个,总计两个

选择对象:

指定基点或[位移(D)]<位移>:

指定第二个点或<使用第一个点作为位移>:

操作示意如图 6-3 所示。

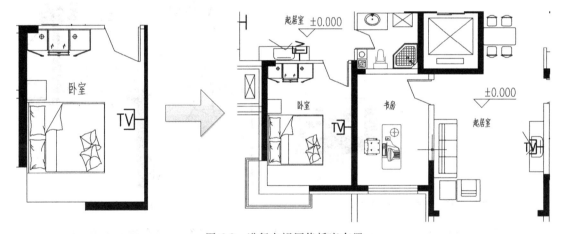

图 6-3　进行电视网络插座布置

（3）勾画电视网络信号箱造型

操作方法：绘制一个长方形，并连接其对角点及其对边中点，然后填充图案（选择"SOLID"或其他类型）。

操作命令 RECTANG、LINE、BHATCH、MOVE 等。

命令:BHATCH

拾取内部点或[选择对象(S)/删除边界(B)]:正在选择所有对象…

正在选择所有可见对象…

正在分析所选数据…

正在分析内部孤岛…

拾取内部点或[选择对象(S)/删除边界(B)]:

操作示意如图 6-4 所示。

（4）进行电视网络布线

操作方法：使用 PLINE 功能命令，绘制具有宽度的线条，宽度根据绘图比例确定。

操作命令：PLINE、EXTEND、TRIM 等。

命令:EXTEND

当前设置:投影=UCS,边=无

选择边界的边...

选择对象或<全部选择>:找到一个

选择对象:

选择要延伸的对象,或按住 Shift 键选择要修剪的对象,或[栏选(F)/窗交(C)/投影(P)/边(E)/放弃(U)]:

选择要延伸的对象,或按住 Shift 键选择要修剪的对象,或[栏选(F)/窗交(C)/投影(P)/边(E)/放弃(U)]:

操作示意如图 6-5 所示。

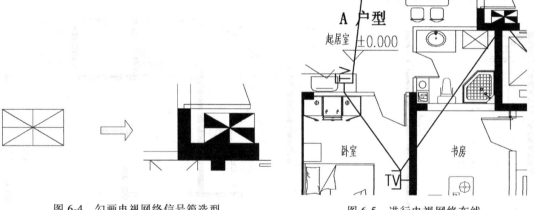

图 6-4　勾画电视网络信号箱造型　　　　　　图 6-5　进行电视网络布线

（5）创建电视网络信号箱的导线指示方向引线，然后镜像得到对称户型的电视网络布线图

操作方法：使用以下命令绘制导线，导线指示方向引线直接使用前面有关章节所绘制的图形，大小不合适的可以通过缩放功能进行调整。

操作命令：INSERT，SCALE，ROTATE，MOVE 等。

命令:INSERT

指定插入点或[基点(B)/比例(S)/X/Y/Z/旋转(R)]:

输入比例因子 X,指定对角点,或[角点(C)/XYZ(XYZ)]<1>:

输入比例因子 Y 或<使用比例因子 X>:

命令:SCALE

选择对象:找到一个

选择对象:

指定基点:

指定比例因子或[复制(C)/参照(R)]<1.0000>:1.2

命令:ROTATE

UCS 当前的正角方向:ANGDIR=逆时针,ANGBASE=0

选择对象:找到一个

选择对象:

指定基点:

指定旋转角度或(复制(C)/参照(R)]<0>:

操作示意如图 6-6 所示。

（6）修改镜像得到的对称户型的电视信号进户线

操作方法：各个户型电视进户线分别从信号箱引进。也可以直接单击线条，再单击线条端上的蓝点，拖动即可。

操作命令：STRETCH。

命令:STRETCH

以交叉窗口或交叉多边形选择要拉伸的对象...

选择对象:指定对角点:找到一个

选择对象:

指定基点或[位移(D)]<位移>:

指定第二个点或<使用第一个点作为位移>:

操作示意如图 6-7 所示。

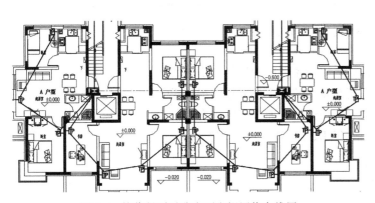

图 6-6 镜像得到对称户型电视网络布线图

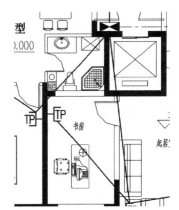

图 6-7 修改对称户型的
电视信号进户线

（7）通过复制得到其他单元的室内电视网络平面布置图

操作方法：使用 COPY 命令得到单元之间的图形。

操作命令：COPY、MOVE 等。

命令:COPY

选择对象:指定对角点:找到 18 个

选择对象:

当前设置:复制模式=多个

指定基点或[位移(D)/模式(O)]<位移>:

指定第二个点或<使用第一个点作为位移>:

指定第二个点或[退出(E)/放弃(U)]<退出>:

操作示意如图6-8所示。

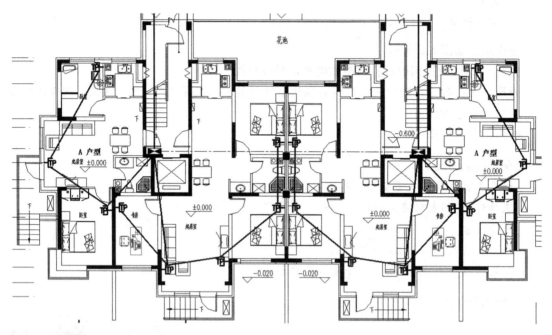

图6-8　复制其他单元电视网络平面布置图

（8）进行必要的文字说明标注，完成楼层电视网络平面布置图

操作方法：楼层电视网络平面布置图的文字说明标注根据设计要求确定，限于篇幅，在此从略。插入图框，可以将电话和电视网络平面布置图放在一起。

操作命令：LINE、MTEXT、MOVE、ZOOM、SAVE等。

命令:LINE

指定第一点:

指定下一点或[放弃(U)]:

指定下一点或[放弃(U)]:

指定下一点或[闭合(C)/放弃(U)]:

命令:MTEXT

当前文字样式:"Standard",文字高度:650,注释性:否

指定第一角点:

指定对角点或[高度(H)/对正(J)/行距(L)/旋转(R)/样式(S)/宽度(W)/栏(C)]:

操作示意如图6-9所示。

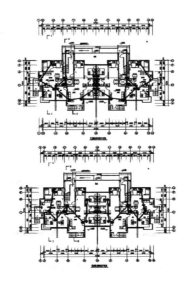

图6-9　完成楼层电视网络平面布置图

6.1.3　有线电视系统的系统图绘制

（1）绘制户型分配器

操作方法：先创建一个圆形和一根水平直线，然后剪切成半圆形。使用 CIRCLE 和 LINE 命令绘制直线和圆形，水平直线通过圆形且长度大于圆形直径。

操作命令：CIRCLE、LINE、TRIM 等（其他功能命令操作提示参考前面相关命令）。

> 命令:CIRCLE
> 指定圆的圆心或[三点(3P)/两点(2P)/切点、切点、半径(T)]:
> 指定圆的半径或[直径(D)]:650

操作示意如图6-10所示。

（2）将半圆形线条加粗

操作方法：使用 PEDIT 命令直接加粗水平直线和弧线。

操作命令：PEDIT。

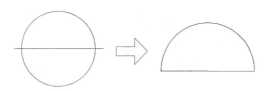

图6-10　绘制半圆形

> 命令:PEDIT
> 选择多段线或[多条(M)]:
> 选定的对象不是多段线

是否将其转换为多段线？<Y>:Y
输入选项[闭合(C)/合并(J)/宽度(W)/编辑顶点(E)/拟合(F)/样条曲线(S)/非曲线化(D)/线型生成(L)/反转(R)/放弃(U)]:W
指定所有线段的新宽度:60
输入选项[闭合(C)/合并(J)/宽度(W)/编辑顶点(E)/拟合(F)/样条曲线(S)/非曲线化(D)/线型生成(L)/反转(R)/放弃(U)]:

操作示意如图6-11所示。

图6-11 将半圆形线条加粗

（3）创建户内分配器

操作方法：先在半圆形一侧绘制十字交叉图形。使用PLINE命令绘制两条直线，两根直线相互垂直。

操作命令：PLINE、LENGTHEN、MOVE等（其他功能命令操作提示参考前面相关命令）。

命令:PLINE
指定起点:
当前线宽为55.0000
指定下一点或[圆弧(A)/半宽(H)/长度(L)/放弃(U)/宽度(W)]:W
指定起点宽度<55.0000>:20
指定端点宽度<20.0000>:20
指定下一点或[圆弧(A)/半宽(H)/长度(L)/放弃(U)/宽度(W)]:
指定下一点或[圆弧(A)/闭合(C)/半宽(H)/长度(L)/放弃(U)/宽度(W)]:
命令:LENGTHEN
选择对象或[增量(DE)百分数(P)/全部(T)/动态(DY)]:
当前长度:1174.2910
选择对象或[增量(DE)百分数(P)/全部(T)/动态(DY)]:DE
输入长度增量或[角度(A)]<0.0000>:150
选择要修改的对象或[放弃(U)]:

操作示意如图6-12所示。

（4）在十字交叉图形左侧位置绘制一个小半圆形

操作方法：圆形圆心位于水平直线上，同时通过圆形的圆心绘制一条竖直方向的直线，然后进行剪切。

图6-12 在半圆形一侧
绘制十字交叉图形

操作命令：CIRCLE、MOVE、LINE、TRIM 等。

操作示意如图 6-13 所示。

（5）对小半圆形的线条加粗，绘制同心圆形

图 6-13　绘制一个小半圆形

操作方法：使用 CIRCLE 和 OFFSET 等命令在十字交叉图形直线的一端绘制一个更为小的同心圆形。

操作命令：PEDIT、CIRCLE、OFFSET 等

命令:OFFSET
当前设置:删除源＝否,图层＝源,OFFSETGAPTYP＝0
指定偏移距离或[通过(T)/删除(E)/图层(L)]<200.0000>:20
选择要偏移的对象或[退出(E)/放弃(U)]<退出>:
指定要偏移的那一侧上的点或[退出(E)/多个(M)/放弃(U)]<退出>:
选择要偏移的对象或[退出(E)/放弃(U)]<退出>:

操作示意如图 6-14 所示。

（6）对小同心圆形进行图案填充（图案选择"SOLID"）并复制

操作方法：使用 COPY 命令复制小同心圆到另外直线的端点位置。

操作命令：BHATCH、COPY、MOVE 等。

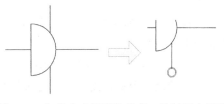

图 6-14　加粗小半圆形的线条，绘制同心圆形

命令:BHATCH
选择对象或[拾取内部点(K)/删除边界(B)]:找到一个
选择对象或[拾取内部点(K)/删除边界(B)]:

操作示意如图 6-15 所示。

（7）依次从小同心圆形的圆心位置引出三条平行线

操作方法：绘制三条平行线然后在其中的一条平行线末端位置勾画"Y"造型。

操作命令：LINE、CHAMFER、TRIM、EXTEND 等（其他功能命令操作提示参考前面相关命令）。

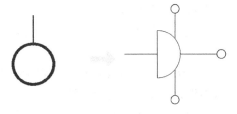

图 6-15　对小同心圆形进行图案填充

命令:CHAMFER
("修剪"模式)当前倒角距离 1＝0.0000,倒角距离 2＝0.0000
选择第一条直线或[放弃(U)/多段线(P)/距离(D)/角度(A)/修剪(T)/方式(E)/多个(M)]:D
指定第一个倒角距离<0.0000>:0
指定第二个倒角距离<0.0000>:0

选择第一条直线或[放弃(U)/多段线(P)/距离(D)/角度(A)/修剪(T)/方式(E)/多个(M)]:

选择第二条直线或按住Shift键选择要应用角点的直线:

命令:EXTEND

当前设置:投影=UCS,边=无

选择边界的边……

选择对象或<全部选择>:找到一个

选择对象:

选择要延伸的对象,或按住Shift键选择要修剪的对象,或[栏选(F)/窗交(C)/投影(P)/边(E)/放弃(U)]:

选择要延伸的对象或按住Shift键选择要修剪的对象,或[栏选(F)/窗交(C)/投影(P)/边(E)/放弃(U)]:

操作示意如图6-16所示。

（8）标注造型符号的说明文字，然后进行复制

操作方法：标注的说明文字为"TV"，表示为电视信号线路。

图6-16 从圆心位置引出三条平行线

操作命令 MTEXT、TEXT、MOVE、COPY等（其他功能命令操作提示参考前面相关命令）。

命令:MTEXT

前文字样式:"Standard",文字高度:700,注释性:否

指定第一角点:

指定对角点或(高度(H)/对正(J)/行距(L)/旋转(R)/样式(S)/宽度(W)/栏(C)]:

操作示意如图6-17所示。

（9）通过镜像得到对称造型，并标注相应的文字

操作方法：使用 MIRROR 命令将大半圆形的圆心作为镜像轴线进行镜像。

操作命令：MIRROR、TEXT、MOVE 等（其他功能命令操作提示参考前面相关命令）。

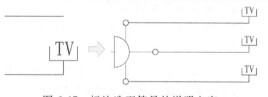

图6-17 标注造型符号的说明文字

命令:MIRROR

选择对象:指定对角点:找到 22 个

选择对象:

指定镜像线的第一点:

指定镜像线的第二点:

要删除源对象吗？[是(Y)/否:(N)]<N>:N

操作示意如图 6-18 所示。

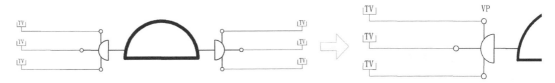

图 6-18 通过镜像得到对称造型

（10）按楼层进行复制，并连接各个楼层的线路

操作方法：使用 COPY 命令复制楼层，本案例楼层为 6 层。

操作命令：COPY、PLINE、TRIM 等。

```
命令:COPY
选择对象:指定对角点:找到 8 个
选择对象:
当前设置:复制模式 = 多个
指定基点或[位移 (D) /模式 (O) ]<位移>:
指定第二个点或<使用第一个点作为位移>:
指定第二个点或[退出 (E) /放弃 (U) ]<退出>:
指定第二个点或[退出 (E) /放弃 (U) ]<退出>:
```

操作示意如图 6-19 所示。

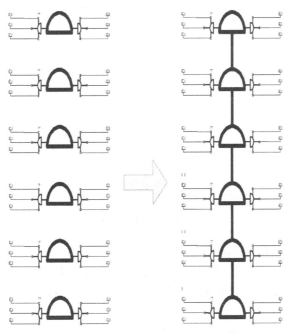

图 6-19 按楼层进行复制并连接各个楼层的线路

（11）绘制楼层名称

操作方法：绘制楼层名称并与有线电视信号线对应。

操作命令：LINE、LENGTHEN、TEXT、COPY、MOVE 等。

命令:LINE
指定第一点:
指定下一点或[放弃(U)]:
指定下一点或[放弃(U)]:
命令:LENGTHEN
选择对象或[增量(DE)/百分数(P)/全部(T)/动态(DY)]:
当前长度:2311.6679
选择对象或[增量(DE)/百分数(P)/全部(T)/动态(DY)]:P
输入长度百分数<100.0000>:120
选择要修改的对象或[放弃(U)]:
选择要修改的对象或[放弃(U)]:

操作示意如图 6-20 所示。

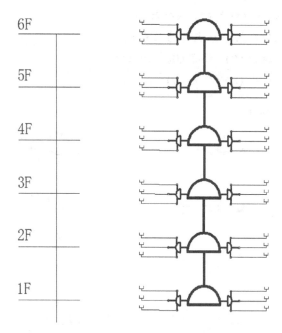

图 6-20 绘制楼层名称

（12）在顶层（6 层）绘制末端信号线造型

操作方法：绘制完后标注相应的文字，文字内容按系统设计确定，在此从略。

操作命令：LINE、PLINE、TRIM、MOVE、LENGTHEN、TEXT。

操作示意如图 6-21 所示。

（13）进行不同单元有线电视信号线路的复制

操作方法：复制不同单元有线电视信号线路，在本案例仅为两个单元，更多单元复制所用方法相同。

操作命令：COPY、MOVE 等。

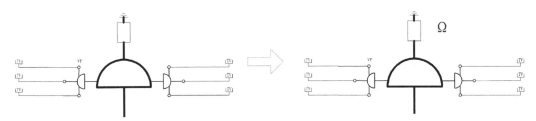

图 6-21　在顶层（6层）绘制末端信号线造型

命令:COPY

选择对象:指定对角点:找到 28 个

选择对象:

当前设置:复制模式=多个

指定基点或[位移(D)/模式(O)]<位移>:

指定第二个点或<使用第一个点作为位移>:

指定第二个点或[退出(E)/放弃(U)]<退出>:

操作示意如图 6-22 所示。

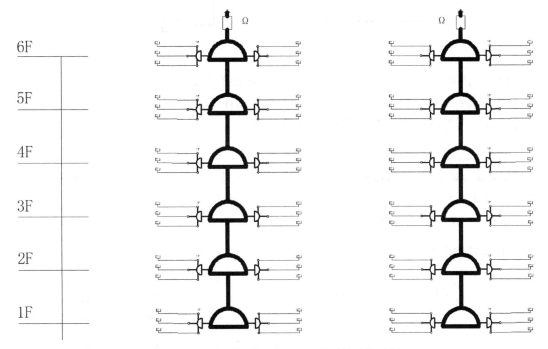

图 6-22　进行不同单元有线电视信号线路的复制

（14）连接不同单元有线电视信号线路

操作方法：同时绘制该建筑的外接有线电视信号线。

操作命令：RECTANG、PLINE、TRIM、MOVE、PEDIT 等。

命令:RECTANG

指定第一个角点或[倒角(C)标高(E)/圆角(F)/厚度(T)/宽度(W)]:

指定另一个角点或[面积(A)/尺寸(D)/旋转(R)]:

命令:PEDIT

选择多段线或[多条(M)]:

输入选项[打开(O)/合并(J)/宽度(W)/编辑顶点(E)/拟合(F)/样条曲线(S)/非曲线化(D)/线型生成(L)/反转(R)/放弃(U)]:W

指定所有线段的新宽度:20

输入选项[打开(O)/合并(J)/宽度(W)/编辑顶点(E)/拟合(F)/样条曲线(S)/非曲线化(D)/线型生成(L)/反转(R)/放弃(U)]:

操作示意如图 6-23 所示。

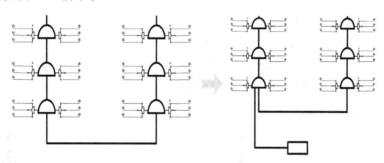

图 6-23 连接不同单元有线电视信号线路

(15) 标注系统图名称,完成有线电视信号系统图的绘制

操作方法:缩放视图并观察图形,并及时保存或打印输出。

操作命令:TEXT、MTEXT、ZOOM、SAVE 等。

命令:ZOOM

指定窗口的角点,输入比例因子(nX 或 nXP),或者[全部(A)/中心(C)/动态(D)/范围(E)/上一个(P)/比例(S)/窗口(W)/对象(O)]<实时>:W

指定第一个角点:指定对角点:

操作示意如图 6-24 所示。

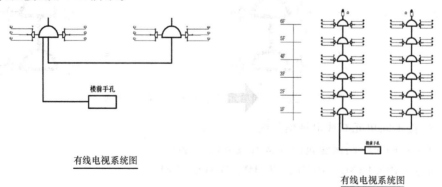

图 6-24 完成有线电视信号系统图的绘制

6.2 电话和网络综合布线系统绘制

6.2.1 电话和网络综合布线系统的图例绘制

（1）创建电话插座造型轮廓图例

1）绘制电话插座造型轮廓。

操作方法：使用以下命令创建电话插座造型轮廓。

操作命令：LINE、CHAMFER、TRIM等。

```
命令:LINE
指定第一点:
指定下一点或[放弃(U)]:
指定下一点或[放弃(U)]:
命令:CHAMFER
("修剪"模式)当前倒角距离1=0.0000,距离2=0.0000
选择第一条直线或[放弃(U)/多段线(P)/距离(D)/角度(A)/修剪(T)/方式(E)/多
个(M)]:
选择第二条直线或按住Shift键选择要应用角点的直线:
命令:TRIM
当前设置:投影=UCS,边=无
选择剪切边……
选择对象或<全部选择>:找到一个
选择对象:
选择要修剪的对象,或按住Shift键选择要延伸的对象,或[栏选(F)/窗交(C)/投影
(P)/边(E)/删除(R)/放弃(U)]:
选择要修剪的对象,或按住Shift键选择要延伸的对象,或[栏选(F)/窗交(C)/投影
(P)/边(E)/删除(R)/放弃(U)]:
```

操作示意如图6-25所示。

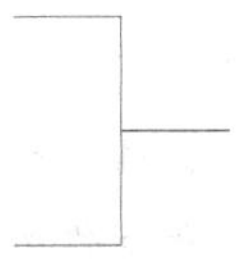

2）标注电话插座标识文字，并将线条加粗。

操作方法：使用MTEXT和PEDIT等命令标注文字，文字"TP"为"TELPHONE"简写形式。

操作命令：MTEXT、PEDIT等。

图6-25 创建电话插座造型轮廓图例

```
命令:PEDIT
选择多段线或[多条(M)]:M
选择对象:指定对角点:找到两个
选择对象:指定对角点:找到零个
选择对象:
```

输入选项［闭合(C)/打开(O)/合并(J)/宽度(W)/拟合(F)/样条曲线(S)/非曲线化(D)/线型生成(L)/反转(R)/放弃(U)］:W

　指定所有线段的新宽度:10

　输入选项［闭合(C)/打开(O)/合并(J)/宽度(W)/拟合(F)/样条曲线(S)/非曲线化(D)/线型生成(L)/反转(R)/放弃(U)］:

　命令:MTEXT

　当前文字样式:"Standard",文字高度:750,注释性:否

　指定第一角点:

　指定对角点或［高度(H)/对正(J)/行距(L)/旋转(R)/样式(S)/宽度(W)/栏(C)］:

操作示意如图 6-26 所示。

图 6-26　标注电话插座标识文字并加粗线条

（2）绘制电话和网络综合布线系统总信号箱造型图例

操作方法：可以采用一个矩形连接对角并填充得到。

操作命令：RECTANG、LINE、BHATCH 等。

　命令:RECTANG

　指定第一个角点或［倒角(C)/标高(E)/圆角(F)/厚度(T)/宽度(W)］:

　指定另一个角点或［面积(A)/尺寸(D)/旋转(R)］:D

　指定矩形的长度<10.0000>:600

　指定矩形的宽度<10.0000>:150

　指定另一个角点或［面积(A)/尺寸(D)/旋转(R)］:

　命令:BHATCH

　拾取内部点或［选择对象(S)/删除边界(B)］:正在选择所有对象…

　正在选择所有可见对象…

　正在分析所选数据…

　正在分析内部孤岛…

　拾取内部点或［选择对象(S)/删除边界(B)］:

操作示意如图 6-27 所示。

图 6-27　绘制电话和网络综合布线系统系统总信号箱造型图例

6.2.2　电话和网络综合布线系统的平面图绘制

（1）调用首层住宅建筑平面图

操作方法：住宅建筑首层平面图一般由建筑专业提供，其绘制方法限于篇幅在此从略。在使用时，可以删除或关闭不需使用的建筑专业相关图层，使得图面更为简洁。注意建筑底图的线条改为细线、灰色线条更好。

操作命令：OPEN、PEDIT、PROPERTIES 等。

```
命令:PEDIT
选择多段线或[多条(M)]:M
选择对象:指定对角点:找到 51 个
选择对象:
输入选项[闭合(C)/打开(O)/合并(J)/宽度(W)/拟合(F)/样条曲线(S)/非曲线化
(D)/线型生成(L)/反转(R)/放弃(U)]:W
指定所有线段的新宽度:0
输入选项[闭合(C)/打开(O)/合并(J)/宽度(W)/拟合(F)/样条曲线(S)/非曲线化
(D)/线型生成(L)/反转(R)/放弃(U)]:
```

操作示意如图 6-28 所示。

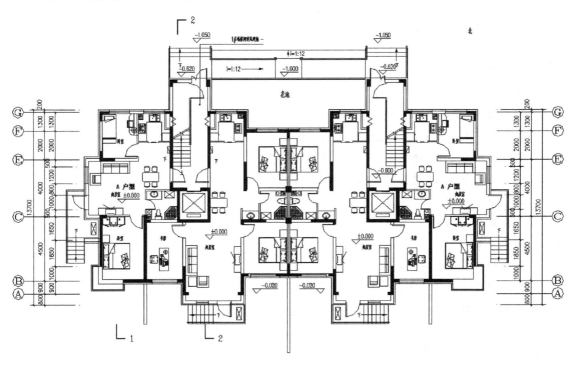

图 6-28　调用首层住宅建筑平面图

（2）通过复制进行电话插座造型布置

操作方法：对方向不同的插座，可以通过旋转、镜像等方法得到。

操作命令：ROTATE、COPY、MOVE、MATCHPROP、MIRROR 等。

```
命令:ROTATE
UCS 当前的正角方向:ANGDIR=逆时针,ANGBASE=0
选择对象:找到三个
指定基点:
指定旋转角度或[复制(C)/参照(R)]<0>:90
命令:MATCHPROP
选择源对象:未选择对象
选择源对象:
当前活动设置:颜色、图层、线型、线型比例、线宽、厚度、打印样式、标注文字、填充图案、
多段线、视口、表格、材质阴影显示、多重引线
选择目标对象或[设置(S)]:
选择目标对象或[设置(S)]:
命令:MOVE
选择对象:找到一个
选择对象:
指定基点或[位移(D)]<位移>:
指定第二个点或<使用第一个点作为位移>:
命令:COPY
选择对象:找到一个
选择对象:
当前设置:复制模式=多个
指定基点或[位移(D)/模式(O)]<位移>:
指定第二个点或<使用第一个点作为位移>:
指定第二个点或[退出(E)/放弃(U)]<退出>:
命令:MIRROR
选择对象:找到一个
选择对象:
指定镜像线的第一点:
指定镜像线的第二点:
要删除源对象吗?[是(Y)/否(N)]<N>:N
```

操作示意如图 6-29 所示。

（3）完成各个房间的电话插座造型布置

操作方法：使用以下命令在房间中布置电话插座造型，具体位置根据设计确定。

操作命令：ROTATE、COPY、MOVE、MIRROR、ZOOM 等。

操作示意如图 6-30 所示。

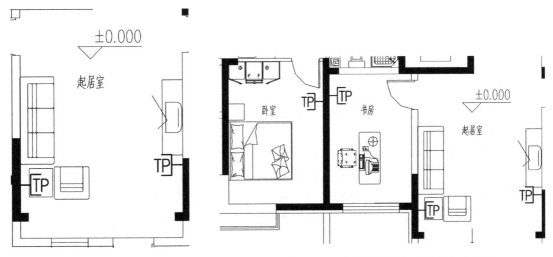

图 6-29 进行电话插座造型布置

图 6-30 完成各个房间的电话插座造型布置

（4）将电话分户信号箱造型布置在指定的位置

操作方法：使用 MOVE 命令将电话分户信号箱布置在指定位置，位置按工程实际设计要求确定。

操作命令：MOVE。

命令:MOVE
选择对象:指定对角点:找到三个
选择对象:
指定基点或[位移(D)]<位移>:
指定第二个点或<使用第一个点作为位移>:

操作示意如图 6-31 所示。

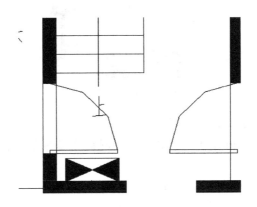

图 6-31 布置电话分户信号箱造型

（5）进行电话信号线布线

操作方法：使用多线（PLINE）功能命令，可以直接绘制有宽度的线，若使用直线

（LINE）命令，还需要使用编辑功能命令加粗。

操作命令：PLINE、LINE、PEDIT、TRIM、LENGTHEN 等。

命令:PLINE
指定起点:
当前线宽为 0.0000
指定下一点或[圆弧(A)/半宽(H)/长度(L)/放弃(U)/宽度(W)]:W
指定起点宽度<0.0000>:56
指定端点宽度<56.0000>:56
指定下一点或[圆弧(A)/半宽(H)/长度(L)/放弃(U)/宽度(W)]:
指定下一点或[圆弧(A)/闭合(C)/半宽(H)/长度(L)/放弃(U)/宽度(W)]:
指定下一点或[圆弧(A)/闭合(C)/半宽(H)/长度(L)/放弃(U)/宽度(W)]:
命令:LENGTHEN
选择对象或[增量(DE)/百分数(P)/全部(T)/动态(DY)]:
当前长度:2387.8491
选择对象或[增量(DE)/百分数(P)/全部(T)动态(DY)]:DE
输入长度增量或[角度(A)]<0.0000>:56
选择要修改的对象或[放弃(U)]:
选择要修改的对象或[放弃(U)]:

操作示意如图 6-32 所示。

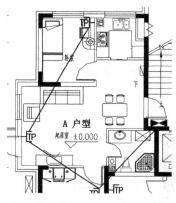

图 6-32　进行电话信号线布线

（6）创建整栋楼的电话信号线进户线

操作方法：使用 PLINE 和 EXTEND 等命令绘制整栋楼的电话信号线，进户线按工程实际规划设计确定。

操作命令：PLINE、MOVE、EXTEND 等。

命令:EXTEND
当前设置:投影=UCS,边=无
选择边界的边...

選擇對象或<全部選擇>:找到一個

選擇對象:

選擇要延伸的對象,或按住 Shift 鍵選擇要修剪的對象,或[欄選(F)/窗交(C)/投影(P)/邊(E)/放棄(U)]:

選擇要延伸的對象,或按住 Shift 鍵選擇要修剪的對象,或[欄選(F)/窗交(C)/投影(P)/邊(E)/放棄(U)]:

操作示意如图 6-33 所示。

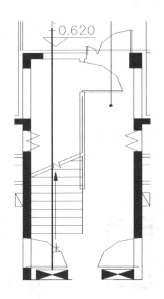

图 6-33　创建整栋楼的电话信号线进户线

（7）创建同一单元另外对称户型的电话信号线插座及其布线

操作方法：以对称的分户墙体中线位置作为镜像轴线，创建同一单元对称户型的电话信号线插座及其布线。

操作命令：MIRROR、MOVE 等。

命令:MIRROR

選擇對象:指定對角點:找到 10 個

選擇對象:

指定鏡像線的第一點:

指定鏡像線的第二點:

要刪除源對象嗎? [是(Y)/否(N)]<N>:N

操作示意如图 6-34 所示。

（8）对细部进行修改

操作方法：删除重复的信号箱造型，并从同一信号箱引线至另外一个户型。

操作命令：ERASE、PLINE、TRIM 等。

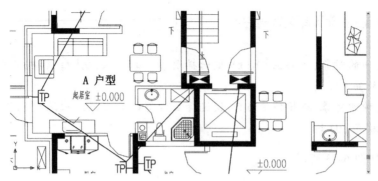

图 6-34　创建对称户型电话信号线插座及其布线

命令:ERASE

选择对象:找到一个

选择对象:找到一个,总计两个

选择对象:指定对角点:找到一个,总计三个

选择对象:

操作示意如图 6-35 所示。

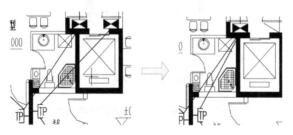

图 6-35　对细部进行修改

（9）布置其他单元的电话信号线和插座造型

操作方法：一般利用复制办法得到其他单元的电话信号线和插座造型。

操作命令：COPY、MOVE 等。

命令:COPY

选择对象:指定对角点:找到三个

选择对象:

当前设置:复制模式=多个

指定基点或[位移(D)/模式(O)]<位移>:

指定第二个点或<使用第一个点作为位移>:

指定第二个点或[退出(E)/放弃(U)]<退出>:

……

指定第二个点或[退出(E)/放弃(U)]<退出>:

操作示意如图 6-36 所示。

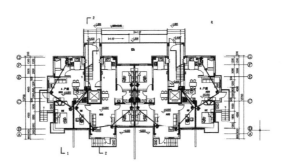

图 6-36　布置其他单元的电话信号线和插座造型

（10）勾画连接不同单元信号箱的连接线造型

操作方法：根据设计要求，连接需要连通的电话信号箱。

操作命令：PLINE、TRIM 等。

命令:PLINE
指定起点:
当前线宽为 56.0000
指定下一个点或[圆弧(A)/半宽(H)/长度(L)/放弃(U)/宽度(W)]:W
指定起点宽度<56.0000>:60
指定端点宽度<60.0000>:60
指定下一点或[圆弧(A)/半宽(H)/长度(L)/放弃(U)/宽度(W)]:
指定下一点或[圆弧(A)/闭合(C)/半宽(H)/长度(L)/放弃(U)/宽度(W)]:

操作示意如图 6-37 所示。

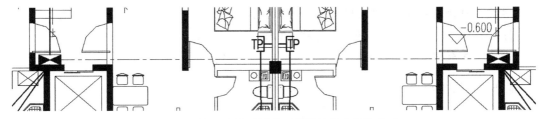

图 6-37　勾画连接不同单元信号箱的连接线造型

（11）对信号线交叉的地方进行修改

操作方法：先绘制一个矩形造型，然后进行剪切即可。

操作命令：RECTANG、TRIM、ERASE 等。

命令:RECTANG
指定第一个角点或[倒角(C)/标高(E)/圆角(F)/厚度(T)/宽度(W)]:
指定另一个角点或[面积(A)/尺寸(D)/旋转(R)]:
命令:TRIM
当前设置:投影=UCS,边=无
选择剪切边...

选择对象或<全部选择>:找到一个

选择对象:

选择要修剪的对象,或按住 Shift 键选择要延伸的对象,或[栏选(F)/窗交(C)/投影(P)/边(E)/删除(R)/放弃(U)]:

选择要修剪的对象,或按住 Shift 键选择要延伸的对象,或[栏选(F)/窗交(C)/投影(P)/边(E)/删除(R)/放弃(U)]:

操作示意如图 6-38 所示。

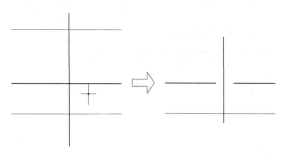

图 6-38　对信号线交叉的地方进行修改

（12）完成首层电话信号线平面布置图的绘制

操作方法：标准层电话信号线平面布置图的绘制，方法与首层电话信号线平面布置图的绘制相同，限于篇幅，在此从略。

操作命令：ZOOM、SAVE 等。

命令:ZOOM

指定窗口的角点,输入比例因子(nX 或 nXP),或者[全部(A)/中心(C)/动态(D)/范围(E)/上一个(P)/比例(S)/窗口(W)对象(O)]<实时>:E

正在重生成模型。

操作示意如图 6-39 所示。

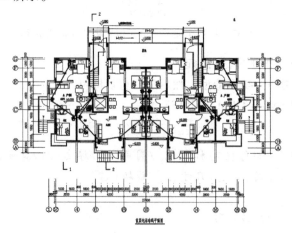

图 6-39　完成首层电话信号线平面布置图绘制

6.2.3　电话和网络综合布线系统的系统图绘制

（1）从电话系统总信号箱绘制竖向信号线

操作方法：绘制竖向信号线，高度根据楼层高度确定，并在底部创建单元户型的电话信号插座符号造型。

操作命令：PLINE、OFFSET、TRIM、EXTEND、MOVE、LINE、TEXT、MIRROR、CHAMFER 等。

```
命令:PLINE
指定起点:
当前线宽为 20.0000
指定下一点或[圆弧(A)/半宽(H)/长度(L)/放弃(U)/宽度(W)]:W
指定起点宽度<20.0000>:60
指定端点宽度<60.0000>:60
指定下一点或[圆弧(A)/半宽(H)/长度(L)/放弃(U)/宽度(W)]:
指定下一点或[圆弧(A)/闭合(C)/半宽(H)/长度(L)/放弃(U)/宽度(W)]:
命令:OFFSET
当前设置:删除源=否,图层=源,OFFSETGAPTYPE=0
指定偏移距离或[通过(T)/删除(E)/图层(L)]<35.0000>:900
选择要偏移的对象或[退出(E)/放弃(U)]<退出>:
指定要偏移的那一侧上的点或[退出(E)/多个(M)/放弃(U)]<退出>:
选择要偏移的对象或[退出(E)/放弃(U)]<退出>:
```

操作示意如图 6-40 所示。

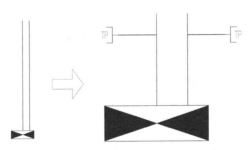

图 6-40　从电话系统总信号箱绘制竖向信号线

（2）按楼层进行单元户型的电话信号插座符号造型复制

操作方法：复制电话信号插座符号造型，复制的数量根据楼层数量确定，并创建楼层号。

操作命令：COPY、MOVE、LINE、TEXT、ROTATE 等。

```
命令:COPY
选择对象:指定对角点:找到 56 个
```

```
选择对象:
当前设置:复制模式=多个
指定基点或[位移(D)/模式(O)]<位移>:
指定第二个点或<使用第一个点作为位移>:
指定第二个点或[退出(E)/放弃(U)]<退出>:
指定第二个点或[退出(E)/放弃(U)]<退出>:
命令:ROTATE
UCS当前的正角方向:ANGDIR=逆时针,ANGBASE=0
选择对象:找到一个
选择对象:
指定基点:
指定旋转角度或[复制(C)/参照(R)]<111>:30
```

操作示意如图 6-41 所示。

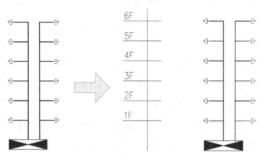

图 6-41 按楼层进行电话信号插座符号造型复制

（3）创建其他单元的电话信号布线系统图形，并绘制连接各个单元之间的信号线等相关线条

操作方法：可以通过复制得到其他单元的电话信号布线系统图形，本案例的建筑仅为两个单元。

操作命令：COPY、PLINE、MOVE 等。

操作示意如图 6-42 所示。

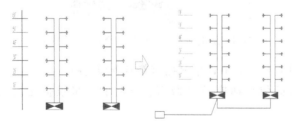

图 6-42 创建其他单元的电话信号布线系统图形

（4）创建网络信号线

操作方法：网络信号线从电话信号线内穿越，注意修剪线条交叉的位置。

操作命令：PLINE、TRIM、MTEXT、LINE、RECTANG、MOVE 等。

> 指定下一点或[圆弧(A)/半宽(H)/长度(L)/放弃(U)/宽度(W)]:W
> 指定起点宽度<60.0000>:50
> 指定端点宽度<50.0000>:50
> 指定下一点或[圆弧(A)/半宽(H)/长度(L)/放弃(U)/宽度(W)]:
> 指定下一点或[圆弧(A)/闭合(C)/半宽(H)/长度(L)/放弃(U)/宽度(W)]:
> 指定下一点或[圆弧(A)/闭合(C)/半宽(H)/长度(L)/放弃(U)/宽度(W)]:

操作示意如图 6-43 所示。

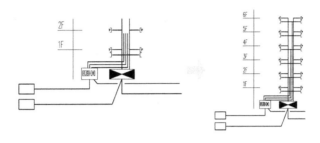

图 6-43 创建网络信号线

（5）标注系统图名称，完成电话和网络综合布线系统图的绘制

操作方法：缩放视图并观察图形，并及时保存或打印输出。

操作命令 TEXT，MTEXT、ZOOM、SAVE 等。

> 命令:MTEXT
> 当前文字样式:"Standard",文字高度:700,注释性:否
> 指定第一角点:
> 指定对角点或[高度(H)/对正(J)/行距(L)/旋转(R)/样式(S)/宽度(W)/栏(C)]:H
> 指定高度<700>:750
> 指定对角点或[高度(H)/对正(J)/行距(L)/旋转(R)/样式(S)/宽度(W)/栏(C)]:

操作示意如图 6-44 所示。

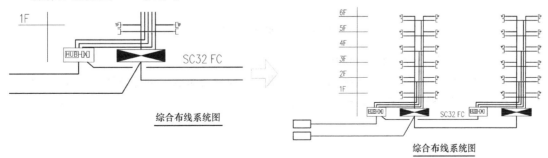

图 6-44 完成电话和网络综合布线系统图的绘制

6.3 消防报警系统绘制

6.3.1 消防报警系统的图例绘制

1. 设置绘图环境

打开建筑平面图，然后另存为"消防报警平面图.dwg"。单击菜单栏的"格式"→"图层"命令，新建"消防"图层如图 6-45 所示，其他图层为原建筑平面图的图层。

图 6-45 新建"消防"图层

2. 绘制消防报警弱电符号

本项目中需要用到一些消防报警系统图例，如图 6-46 所示。由于图例库中未包含这些符号，因此需要自己绘制。所有图例都绘制在"消防"图层。此处只介绍部分图例的绘制方法。

| 应急照明箱 | 防火阀 | 感烟探测器 | 手动报警按钮 消防电话插孔 | 消火栓按钮 |

图 6-46 消防报警系统图例

（1）应急照明箱 绘制过程如图 6-47 所示。

图 6-47 应急照明箱的绘制

1）用"矩形"命令绘制长 1000、宽 500 的长方形。

2）用"直线"命令，第一点捕捉顶点，第二点捕捉对角点，进行连线并保存为图块。

（2）防火阀 绘制过程如图 6-48 所示。

图 6-48 防火阀的绘制

1）用"直线"命令，第一点任意确定，输入@ 850<45，画出一条长 850、角度为 45°的斜线。

2）用"圆"命令捕捉斜线中点为圆心，半径输入 300。

3）用"单行文字"输入"70°"，其中"°"的符号可以通过文字输入中的符号选项来完成，如图 6-49 所示。

4）完成防火阀图例，并保存为图块。

图 6-49　特殊文字符号"°"的输入

（3）手动报警按钮及消防电话插孔　绘制过程如图 6-50 所示。

1）用"矩形"命令绘制长 600、宽 600 的正方形。

2）用"直线"命令捕捉上、下边中点，画一垂直中心线。

3）用"分解"命令将矩形打散，用"偏移"命令将上、下两条边向内侧偏移 50，得到两水平辅助线。

4）用"圆"命令捕捉十字交叉点为圆心，画半径为 200 的圆。

5）用"修剪"命令将多余线段剪去并删除辅助线，就得到了图例，并将该图形对象保存为图块。

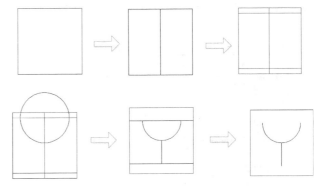

图 6-50　手动报警按钮及消防电话插孔的绘制

（4）消火栓按钮　绘制过程如图 6-51 所示。

1）用矩形命令绘制长 600、宽 600 的正方形。

2）单击"圆"命令，在圆心选择命令行输入 2p，捕捉正方形上边中点为第一个切点、下边中点为第二个切点，完成相切圆的绘制。

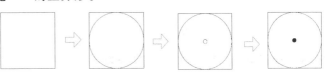

图 6-51　消火栓的绘制

3）继续"圆"命令，捕捉大圆圆心为圆心，画半径为 20 的圆。

4）用"填充"命令，选 SOLID 图案填充，对圆进行填充，完成消火栓按钮图例绘制，并保存为图块。

（5）感烟探测器　绘制过程如图 6-52 所示。

1）用"矩形"命令绘制长 600、宽 600 的正方形。

2）用"直线"命令捕捉左右两边中点，画一条中心线。

3）继续使用"直线"命令，在靠近右上角地方确定第一点，向中心线左端点移动确定第二点，第三点为中心线的中点。

4）用"镜像"命令，选折线为镜像对象，得到 X 轴对称图形。

5）继续使用"镜像"命令，选下面的折线为镜像对象，得到其 Y 轴对称图形，就完成了感烟探测器图例，并保存为图块。

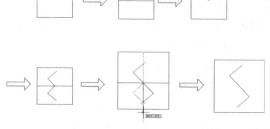

图 6-52　感烟探测器的绘制

6.3.2　消防报警系统的平面图绘制

根据消防报警工程规范，得到每间房屋应放置的设备及其数量，然后将前面绘制的各个模块插入到建筑平面图的相应房间相应位置上，如图 6-53 所示。

根据设备类型及其连接要求，兼顾考虑弱电工程施工要求，使用直线命令将各设备用线条连接，如有交叉线路时，一条断开，以表示两条线路无连接，如图 6-54a 所示。最后在线路旁边注明线路类型名称、编号，有"FS""FG""FH""3""4""5""7"几种，标注数字编号时要在线路上画一条短斜线，如图 6-52b 所示。

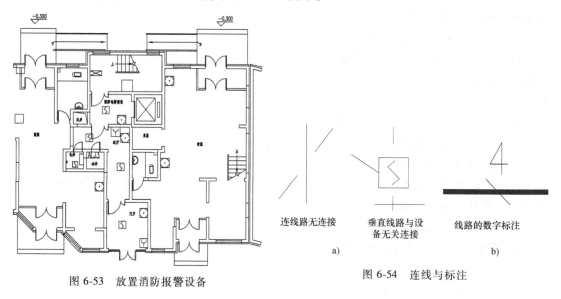

图 6-53　放置消防报警设备

图 6-54　连线与标注

6.3.3　消防报警系统的系统图绘制

（1）绘制系统主接线

1）在绘图区的适当位置绘制长为 265 的竖直线段，然后设置其阵列为 1 行 5 列，阵列总间距为 50。

2）选择菜单命令【格式】/【多线样式】，弹出"多线样式"对话框，单击【格式】按钮，创建名为"消防图用多线样式"的多线样式后，打开"新建多线样式"对话框，其具体参数设置如图 6-55 所示。

3）启动绘制多线命令，设置比例因子为 20，捕捉最左侧线段的左端点为起点水平向右绘制长为 310 的多线，再将其阵列设置为 10 行 1 列，阵列总间距为 250，结果如图 6-56 所示。

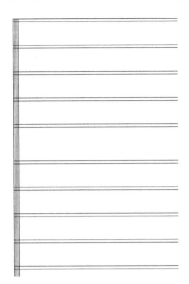

图 6-55　"新建多线样式"对话框

图 6-56　绘制多线并偏移

4）修剪多余线段，结果如图 6-57a 所示。

5）设置"辅助线层"为当前层，以距 F 点（-20，5）处为起点，水平向右绘制长为330 的线段。

6）以距 F 点（-2.5，2.5）处为起点，绘制长 75、宽 45 的矩形。

7）阵列虚线和虚线矩形框设置为 11 行 1 列，阵列总间距为 200，结果如图 6-57b 所示。

（2）复制各元器件

1）复制各元器件到图 6-58 的示意位置，然后捕捉各交点为圆心，绘制直径为 0.8 的圆，并利用填充图案"SOLID"填充圆，即为各节点。

2）绘制连接线，并修剪多余线段，结果如图 6-58 所示。

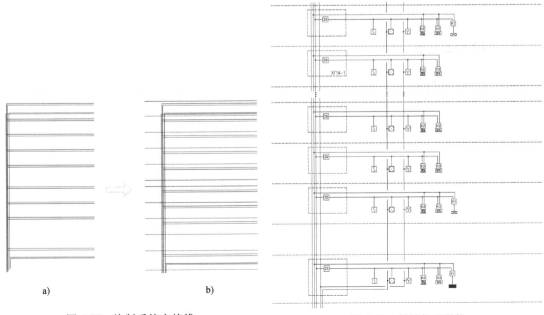

a)　　　　　　　　　　　　b)

图 6-57　绘制系统主接线

图 6-58　复制各元器件

（3）匹配图层并编辑文字，完成消防报警系统的系统图绘制

1）按各线的功能匹配图层。

2）设置文字高度为3，在图形的适当位置填写单行文字，结果如图6-59所示。

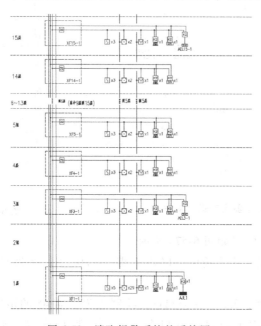

图6-59　消防报警系统的系统图

6.4　可视对讲系统绘制

6.4.1　可视对讲系统的图例绘制

1. 设置绘图环境

打开建筑平面图，然后另存为"可视对讲平面图.dwg"。单击菜单栏的"格式"→"图层"命令，新建"可视对讲"图层如图6-60所示，其他图层为原建筑平面图的图层。

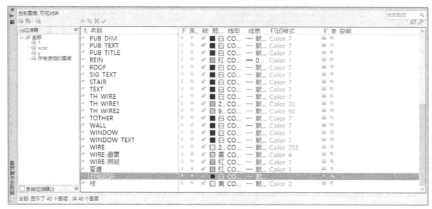

图6-60　新建"可视对讲"图层

2. 绘制可视对讲弱电符号

本项目中需要用到一些可视对讲的图例，如图 6-61 所示。由于图例库中未包含这些符号，因此需要自己绘制。所有图例都绘制在"可视对讲"图层。此处只介绍部分图例的绘制方法。

（1）UPS 对讲电源箱的绘制　绘制过程如图 6-62 所示。

1）用"矩形"命令绘制长 1000，宽 500 的长方形。

2）用"填充"命令，选 SOLID 图案填充，对长方形进行填充，完成 UPS 对讲电源箱图例绘制，并保存为图块。

图 6-61　可视对讲系统图例　　　　　　　图 6-62　UPS 对讲电源箱的绘制

（2）对讲层隔离箱的绘制　绘制过程如图 6-63 所示。

1）用"矩形"命令绘制长 1000，宽 500 的长方形。

2）用"直线"命令，捕捉两个宽的中点连线，再捕捉两个长的中点进行连线，并保存为图块。

（3）对讲分机的绘制　绘制过程如图 6-64 所示。

1）用"直线"命令绘制，线宽选择为 15，如图 6-64a 所示。

2）用"文字"命令输入文字为"TC"，并保存为图块，如图 6-64b 所示。

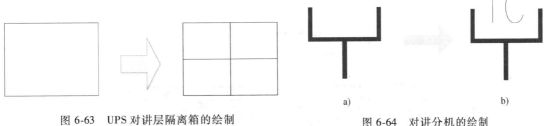

图 6-63　UPS 对讲层隔离箱的绘制　　　　　图 6-64　对讲分机的绘制

6.4.2　可视对讲系统的平面图绘制

1）根据可视对讲工程规范，得到每间房屋应放置的设备及其数量，然后将前面绘制的各个模块插入到建筑平面图相应房间的相应位置上，如图 6-65 所示。

2）绘制对讲联网进线，如图 6-66 所示。

3）根据设备类型及其连接要求，兼

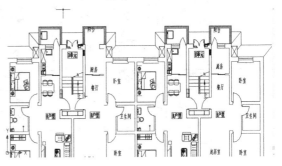

图 6-65　放置可视对讲设备

顾考虑弱电工程施工要求，使用直线命令将各设备用线条连接，如图 6-67 所示。

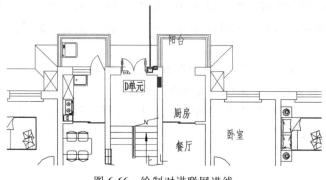

图 6-66　绘制对讲联网进线

4）对图进行文字标注，如图 6-68 所示。

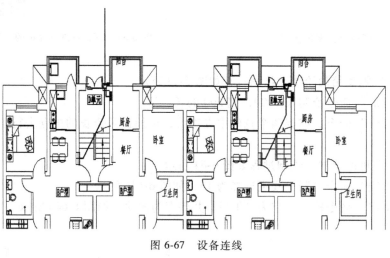

图 6-67　设备连线

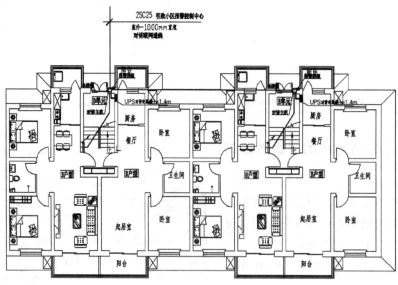

图 6-68　文字标注

6.4.3 可视对讲系统的系统图绘制

可视对讲门禁系统图如图6-69所示。绘制过程如下：

1）图幅及单位（精度）设置。将原始图幅扩大1000倍，精度为小数点后1位。

2）图层设置。除0层外可以设置元件层、导线层、标注层、图框层。

3）绘制楼层线。采用偏移的方法绘制水平7条线，偏移距离为3000（也可自定，系统图没有比例，本图主要考虑与平面图成适当大小）。其中地下一层的宽度约为地上层宽度的两倍。线可以长一些，或用构造线，完成后再将多余长度剪切掉。

4）绘制各元件图。可视对讲系统主要有UPS对讲电源箱（UPS元件）、电控门锁、对讲层隔离箱（层隔离箱元件）、对讲分机（TC元件）和报警按钮，可依据比例分别在元件层画出（元件层采用粗实线）。符号字母可以用多行文字以及正中对正的方式填写，字号根据实际调整。画好后可做成图块或放在空闲处备用。

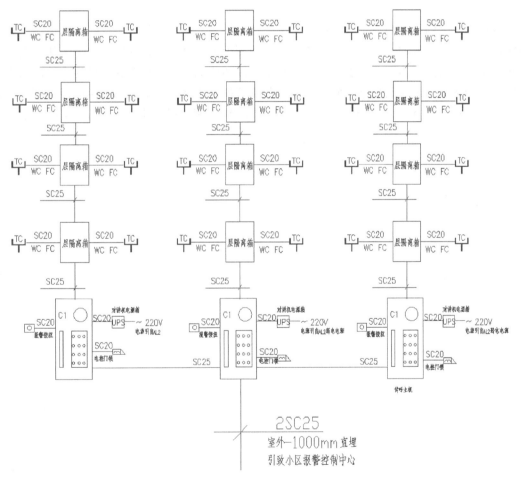

图6-69 可视对讲门禁系统图

5）在一楼处先复制一层隔离箱元件，然后在左侧画一短直线（在导线层），选取右侧边的中心为基点，移动用户弱电箱直至与导线连接，再用镜像的办法画出右半部，最后画出向上引导线。

6）选取 VP 元件下部中点为基点进行多重复制，接续 1~4 楼部分。标注说明文字（WC、FC、SC20 等），标注文字之前在格式中设置：字体样式＝"IDQSTYLE"；字体文件＝romans. shx hzfsl. shx；高度：350。楼层代号也进行标注（所选用字号均相同，并在标注层进行）。

7）将左侧单元 1~4 楼元件及文字说明复制，并粘贴到右侧两个单元（单击复制按钮后，选择包围窗口的方式。选择左侧要复制对象，再选择基点，然后将复制的对象移动到右侧适当位置单击左键，回车确认）。

8）绘制户外门禁，并将三个单元进行连接。

9）绘制对讲联网进线，标注说明文字。

因绘图程序较占篇幅，本节不再详细展示。

6.5　本章小结

本章内容是围绕绘制建筑电气弱电系统施工图展开。6.1 节介绍了有线电视系统中常用分配器、导线等图例的画法，以及系统图和平面图绘制方法。6.2 节中给出了电话和网络综合布线系统常用图例的画法，以及系统图和平面图的绘制方法。6.3 节介绍的是消防报警系统平面图和系统图的绘制思路。6.4 节中给出了可视对讲系统系统图及平面图的绘制方法。读者可以通过学习本章实例中的方法，将其扩展到绘制其他建筑工程的弱电系统施工图中去。

第7章

建筑电气CAD图形打印与转换输出

【学习目标】

●掌握工程图打印设置的基本方法。

●掌握图形输出为其他格式电子数据文件（如 PDF 格式文件、JPG 和 BMP 格式图像文件等）的操作方法。

7.1 建筑电气 CAD 图形打印

建筑电气图纸打印是指利用打印机或绘图仪将图形打印到图纸上。

7.1.1 图形打印设置

图形打印设置，通过"打印-模型"或"打印-布局"对话框进行。启动该对话框有如下几种方法：

●打开【文件】下拉菜单，选择【打印】命令选项。

●在【标准】工具栏上，单击【打印】命令图标。

●在"命令:"行提示下直接输入 PLOT 命令。

●使用命令按键，即同时按下"Ctrl"和"P"按键。

●使用快捷菜单命令，即在"模型"选项卡或布局选项卡上单击鼠标右键，在弹出的菜单中单击"打印"，如图 7-1 所示。

执行上述操作后，AutoCAD 将弹出"打印-模型"或"打印-布局"对话框，如图 7-2 所示。若单击对话框右下角的"更多选项"按钮，可以在"打印"对话框中显示更多选项，如图 7-3 所示。

"打印"对话框各个选项单的功能含义和设置方法如下：

（1）页面设置 "页面设置"对话框的标题显示了当前布局的名称。列出图形中已命名或已保存的页面设置：可以将图形中保存的命名页面设置作为当前页面进行设置，也可以在"打印"对话框中单击"添加"，基于当前设置创建一个新的命名页面进行设置。

若使用与前一次打印方法相同的打印机名称、图幅大小、比例等，可以选择"上一次打印"或选择"输入"，在文件夹中选择保存的图形页面设置，如图 7-4 所示；也可以添加

图 7-1　使用快捷菜单打印

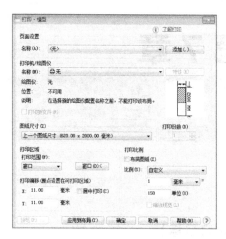

图 7-2　"打印"对话框

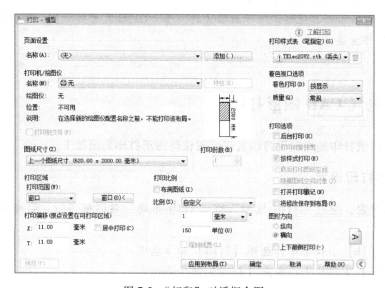

图 7-3　"打印"对话框全图

新的页面设置，如图 7-5 所示。

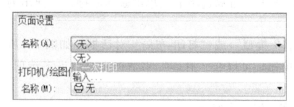

图 7-4　选择"上一次打印"

图 7-5　添加新的页面设置

（2）打印机/绘图仪　在 AutoCAD 中，非系统设备称为绘图仪，Windows 系统设备称为打印机。该选项用于指定打印布局时使用已配置的打印设备。如果选定绘图仪不支持布局中选定的图纸尺寸，将显示警告。用户可以选择绘图仪的默认图纸尺寸或自定义图纸尺寸。打开下拉列表，其中列出可用的 PC3 文件或系统打印机，可以从中进行选择以打印当前布局。

设备名称前面的图标识别其为 PC3 文件还是系统打印机，如图 7-6 所示。PC3 文件是指 AutoCAD 将有关介质和打印设备的信息存储在配置的打印文件中的文件类型。

右侧"特性"按钮用于显示绘图仪配置编辑器（PC3 编辑器），从中可以查看或修改当前绘图仪的配置、端口、设备和介质设置，如图 7-7 所示。如果使用"绘图仪配置编辑器"更改 PC3 文件，将显示"修改打印机配置文件"对话框。

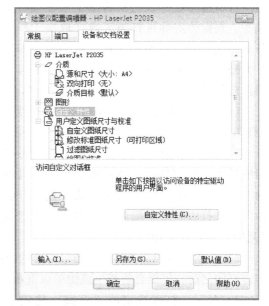

图 7-6　选择打印机类型　　　　　图 7-7　绘图仪配置编辑器

（3）打印到文件　打印输出到文件而不是绘图仪或打印机。打印文件的默认位置是在"选项"对话框"打印和发布"选项卡"打印到文件操作的默认位置"中指定的。如果"打印到文件"选项已打开，单击"打印"对话框中的"确定"将显示"打印到文件"对话框（标准文件浏览对话框），文件类型为"∗.plt"，如图 7-8 所示。

图 7-8　打印到文件

（4）局部预览　局部预览在对话框约中间位置，局部预览是精确显示相对于图纸尺寸和可打印区域的有效打印区域，显示图纸尺寸和可打印区域。

（5）图纸尺寸　显示所选打印设备可用的标准图纸尺寸，如图7-9所示。如果未选择绘图仪，将显示全部标准图纸尺寸的列表以供选择。如果所选绘图仪不支持布局中选定的图纸尺寸，将显示警告。用户可以选择绘图仪的默认图纸尺寸或自定义图纸尺寸。页面的实际可打印区域（取决于所选打印设备和图纸尺寸）在布局中以虚线表示。如果打印的是光栅图像（如 BMP 或 TIFF 文件），打印区域大小的指定将以像素为单位而不是英寸或毫米。

图 7-9　选择打印图纸尺寸

（6）打印区域　指定要打印的图形部分。在"打印范围"下，可以选择要打印的图形区域。

1）布局/图形界限：打印布局时，将打印指定图纸尺寸的可打印区域内的所有内容，其原点从布局中的（0，0）点计算得出。从"模型"选项卡打印时，将打印栅格界限定义的整个图形区域。如果当前视口不显示平面视图，该选项与"范围"选项效果相同。

2）范围：打印包含对象的图形部分的当前空间。当前空间内的所有几何图形都将被打印。打印之前，可能会重新生成图形以重新计算范围。

3）显示：打印选定的"模型"选项卡当前视口中的视图或布局中的当前图纸空间视图。

4）视图：打印先前通过 VIEW 命令保存的视图。可以从列表中选择命名视图。如果图形中没有已保存的视图，此选项不可用。选中"视图"选项后，将显示"视图"列表，列出当前图形中保存的命名视图。可以从此列表中选择视图进行打印。

5）窗口：打印指定的图形部分。如果选择"窗口"，"窗口"按钮将成为可用按钮。单击"窗口"按钮以使用定点设备指定要打印区域的两个角点，或输入坐标值。使用"窗口"按钮进行操作的方式最为常用。

（7）打印份数　指定要打印的份数，从一份至多份，份数无限制。若在"打印到文件"时，此选项不可用。

（8）打印比例　根据需要，对图形打印比例进行设置。一般在绘图时图形是以 mm 为单位按 1∶1 绘制的，即设计大的图形长 1m，绘制时绘制 1000mm。打印时可以使用任何需要的比例，包括按布满图纸范围打印和自行定义打印比例，如图7-10所示。

（9）打印偏移　根据"指定打印偏移时相对于"选项（"选项"对话框，"打印和发布"选项卡）中的设置，指定打印区域相对于可打印区域左下角或图纸

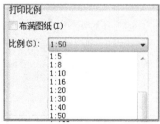

图 7-10　打印比例设置

边界的偏移。"打印"对话框的"打印偏移"区域显示了包含在括号中的指定打印偏移选项。图纸的可打印区域由所选输出设备决定，在布局中以虚线表示。修改为其他输出设备时，可能会修改可打印区域。

通过在"X偏移"和"Y偏移"框中输入正值或负值，可以偏移图纸上的几何图形。图纸中的绘图仪单位为毫米，如图7-11所示。

图 7-11　打印偏移方式

1）居中打印：自动计算X和Y偏移值，在图纸上居中打印。当"打印区域"设置为"布局"时，此选项不可用。

2）X：相对于"打印偏移定义"选项中的设置指定X方向上的打印原点。

3）Y：相对于"打印偏移定义"选项中的设置指定Y方向上的打印原点。

（10）预览　单击对话框左下角的"预览"按钮，也可以按执行PREVIEW命令时，系统将在图纸上以打印的方式显示图形打印预览效果，如图7-12所示。要退出打印预览并返回"打印"对话框，请按ESC键，然后按ENTER键，或单击鼠标右键，然后单击快捷菜单上的"退出"。

（11）其他选项简述　在其他选项中，最为常用的是"打印样式表（笔指定）"和"图形方向"。

1）打印样式表（笔指定）：即设置、编辑打印样式表，或者创建新的打印样式表，如图7-13所示。

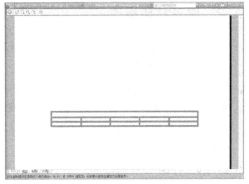

图 7-12　打印预览

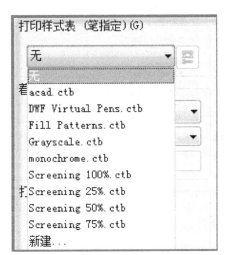

图 7-13　打印样式表（笔指定）

名称（无标签）一栏显示指定给当前"模型"选项卡或布局选项卡的打印样式表，并提供当前可用的打印样式表的列表。如果选择"新建"，将显示"添加打印样式表"向导，可用来创建新的打印样式表。显示的向导取决于当前图形是处于颜色相关模式还是处于命名模式。一般地，要打印为黑白颜色的图纸，选择其中的"monochrome.ctb"即可；要按图面显示的颜色打印，选择"无"即可。

编辑按钮显示"打印样式表"编辑器，从中可以查看或修改当前指定的打印样式表中的打印样式。

2）图形方向：图形方向是为支持纵向或横向的绘图仪指定图形在图纸上的打印方向，图纸图标代表所选图纸的介质方向，字母图标代表图形在图纸上的方向，如图7-14所示。

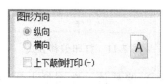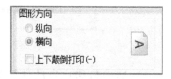

图7-14　图形方向选择

纵向放置并打印图形，图纸的短边位于图形页面的顶部；横向放置并打印图形，图纸的长边位于图形页面的顶部。

7.1.2　图形打印操作

图形绘制完成后，按下面方法即可通过打印机将图形打印到图纸上。

1）先打开图形文件。

2）启动打印功能命令，可以通过如下方式：

- 依次单击文件（F）下拉菜单，选择打印（P）命令选项。
- 单击标准工具栏上的打印图标。
- 在"命令"行提示下，输入PLOT。

3）在"打印"对话框的"打印机/绘图仪"下，从"名称"列表中选择一种绘图仪，如图7-15所示。

4）在"图纸尺寸"下，从"图纸尺寸"框中选择图纸尺寸。并在"打印份数"下，输入要打印的份数。

5）在"打印区域"下，指定图形中要打印的部分。设置打印位置（包括向X轴、Y轴方向偏移或居中打印）。同时注意在"打印比例"下，从"比例"框中选择缩放比例。

6）有关其他选项的信息，请单击"其他选项"按钮。注意打印戳记只在打印时出现，不与图形一起保存。

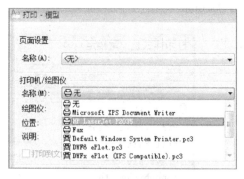

图7-15　选择绘图仪

- （可选）在"打印样式表（笔指定）"下，从"名称"框中选择打印样式表。
- （可选）在"着色视口选项"和"打印选项"下，选择适当的设置。

7）在"图形方向"下，选择一种方向。

8）单击"预览"进行预览打印效果，然后单击右键，在弹出的快捷菜单中选择"打印"或"退出"。

7.2　输出其他格式图形数据文件

7.2.1　输出 PDF 格式图形数据文件

PDF 格式数据文件是由 Adobe Systems 用于与应用程序、操作系统等与硬件无关的方式进行文件交换所发展出的文件格式，可以在 Adobe Reader 软件（注：Adobe Reader 软件可从 Adobe 网站免费下载获取）中查看和打印。使用 PDF 文件，不需安装 AutoCAD 软件，可以与任何人共享图形数据信息，浏览图形数据文件。输出图形数据 PDF 格式文件方法如下：

1）在"命令"行提示下，输入 PLOT，启动打印功能。

2）在"打印"对话框的"打印机/绘图仪"下的"名称"列表中，选择"DWG To PDF.pc3"，如图 7-16 所示。可以通过指定分辨率来自定义 PDF 输出。在绘图仪配置编辑器中的"自定义特性"对话框中，可以指定矢量和光栅图像的分辨率，分辨率的范围从 150dpi 到 4800dpi（最大分辨率）。

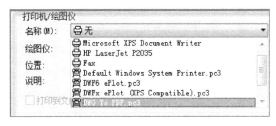

图 7-16　选择"DWG To PDF.pc3"

3）根据需要为 PDF 文件选择打印设置，包括图纸尺寸、比例等，然后单击"确定"。

4）在"浏览打印文件"对话框中，选择一个位置并输入 PDF 文件的文件名，然后单击"保存"。

7.2.2　输出 JPG/BMP 格式图形数据文件

AutoCAD 可以将图形以非系统光栅驱动程序支持若干光栅文件格式（包括 BMP、CALS、TIFF、PNG、TGA、PCX 和 JPG）输出，其中最为常用的是 BMP 和 JPG 格式。创建光栅文件需确保已为光栅文件输出配置了绘图仪驱动程序，即在打印机/绘图仪一栏内显示相应的名称（如 Publish To Web JPG.pc3）。

输出 JPG 格式光栅文件方法如下：

1）在"命令"行提示下，输入 PLOT，启动打印功能。

2）在"打印"对话框的"打印机/绘图仪"下的"名称"列表中，选择"Publish To Web JPG.pc3"，如图 7-17 所示。

3）根据需要为光栅文件选择打印设置，包括图纸尺寸、比例等，然后单击"确定"。

4）在"浏览打印文件"对话框

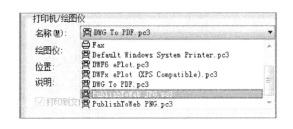

图 7-17　选择"Publish To Web JPG.pc3"

中，选择一个位置并输入光栅文件的文件名，然后单击"保存"。

输出 BMP 格式光栅文件方法如下：

1）打开文件下拉菜单，选择输出命令选项。如图 7-18 所示。

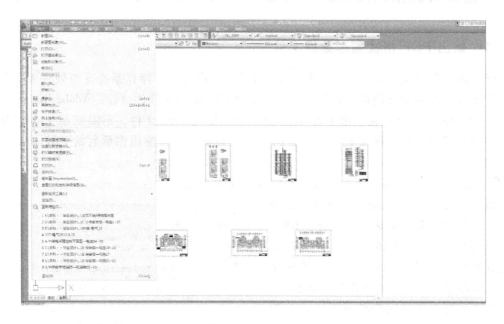

图 7-18　选择输出

2）在"输出数据"对话框中，选择一个位置并输入光栅文件的文件名，然后在文件类型中选择"位图（＊.bmp）"，接着单击"保存"。如图 7-19 所示。

图 7-19　选择输出格式类型

3）然后返回图形窗口，选择输出格式为 BMP，最后按回车键即可。

7.3 本章小结

本章介绍图形绘制完成后，工程图打印设置的基本方法，包括打印到图纸、输出为其他格式电子数据文件（如 PDF 格式文件、JPG 和 BMP 格式图像文件等）的操作方法。

参 考 文 献

[1] 谭荣伟. 建筑电气专业 CAD 绘图快速入门 [M]. 2 版. 北京：化学工业出版社，2016.

[2] 孙成明，付国江. 建筑电气 CAD 制图 [M]. 北京：化学工业出版社，2013.

[3] 王素珍. 电气工程 CAD 实用教程 [M]. 北京：人民邮电出版社，2012.

[4] 郝学奎. 建筑工程 CAD [M]. 北京：水利水电出版社，2011.

[5] 黄玮. 电气 CAD 实用教程 [M]. 北京：人民邮电出版社，2010.